清华大学优秀博士学位论文丛书

考虑用户心理因素的个性化推荐方法研究

贺江宁 著 He Jiangning

Research on Personalized Item Recommendations Considering Users' Psychological Factors

清华大学出版社
北 京

内 容 简 介

本书以心理学和数据科学的相关理论为支撑，研究如何基于用户行为数据挖掘其潜在心理特质，并代表性地考虑了三类心理特质(探索、涉入和从众)对用户行为预测和个性化推荐的影响，在此基础上提出了三种具有创新性的用户行为建模方法及推荐策略。

图书在版编目(CIP)数据

考虑用户心理因素的个性化推荐方法研究/贺江宁著. —北京：清华大学出版社，2020.3 (2020.12重印)
(清华大学优秀博士学位论文丛书)
ISBN 978-7-302-54938-3

Ⅰ. ①考… Ⅱ. ①贺… Ⅲ. ①互联网络－用户－应用心理学－研究 Ⅳ. ①TP393.4-05

中国版本图书馆 CIP 数据核字(2020)第 026510 号

责任编辑：骆 骁
封面设计：傅瑞学
责任校对：赵丽敏
责任印制：宋 林

出版发行：清华大学出版社
网　　址：http://www.tup.com.cn，http://www.wqbook.com
地　　址：北京清华大学学研大厦 A 座　**邮　　编：**100084
社 总 机：010-62770175　**邮　　购：**010-62786544
投稿与读者服务：010-62776969，c-service@tup.tsinghua.edu.cn
质量反馈：010-62772015，zhiliang@tup.tsinghua.edu.cn
印 装 者：三河市铭诚印务有限公司
经　　销：全国新华书店
开　　本：155mm×235mm　**印　张：**9.25　**字　　数：**154 千字
版　　次：2020 年 5 月第 1 版　**印　　次：**2020 年 12 月第 2 次印刷
定　　价：79.00 元

产品编号：084779-01

一流博士生教育
体现一流大学人才培养的高度（代丛书序）[①]

人才培养是大学的根本任务。只有培养出一流人才的高校，才能够成为世界一流大学。本科教育是培养一流人才最重要的基础，是一流大学的底色，体现了学校的传统和特色。博士生教育是学历教育的最高层次，体现出一所大学人才培养的高度，代表着一个国家的人才培养水平。清华大学正在全面推进综合改革，深化教育教学改革，探索建立完善的博士生选拔培养机制，不断提升博士生培养质量。

学术精神的培养是博士生教育的根本

学术精神是大学精神的重要组成部分，是学者与学术群体在学术活动中坚守的价值准则。大学对学术精神的追求，反映了一所大学对学术的重视、对真理的热爱和对功利性目标的摒弃。博士生教育要培养有志于追求学术的人，其根本在于学术精神的培养。

无论古今中外，博士这一称号都是和学问、学术紧密联系在一起，和知识探索密切相关。我国的博士一词起源于2000多年前的战国时期，是一种学官名。博士任职者负责保管文献档案、编撰著述，须知识渊博并负有传授学问的职责。东汉学者应劭在《汉官仪》中写道："博者，通博古今；士者，辩于然否。"后来，人们逐渐把精通某种职业的专门人才称为博士。博士作为一种学位，最早产生于12世纪，最初它是加入教师行会的一种资格证书。19世纪初，德国柏林大学成立，其哲学院取代了以往神学院在大学中的地位，在大学发展的历史上首次产生了由哲学院授予的哲学博士学位，并赋予了哲学博士深层次的教育内涵，即推崇学术自由、创造新知识。哲学博士的设立标志着现代博士生教育的开端，博士则被定义为独立从事学术研究、具备创造新知识能力的人，是学术精神的传承者和光大者。

---

① 本文首发于《光明日报》，2017年12月5日。

博士生学习期间是培养学术精神最重要的阶段。博士生需要接受严谨的学术训练，开展深入的学术研究，并通过发表学术论文、参与学术活动及博士论文答辩等环节，证明自身的学术能力。更重要的是，博士生要培养学术志趣，把对学术的热爱融入生命之中，把捍卫真理作为毕生的追求。博士生更要学会如何面对干扰和诱惑，远离功利，保持安静、从容的心态。学术精神特别是其中所蕴含的科学理性精神、学术奉献精神不仅对博士生未来的学术事业至关重要，对博士生一生的发展都大有裨益。

独创性和批判性思维是博士生最重要的素质

博士生需要具备很多素质，包括逻辑推理、言语表达、沟通协作等，但是最重要的素质是独创性和批判性思维。

学术重视传承，但更看重突破和创新。博士生作为学术事业的后备力量，要立志于追求独创性。独创意味着独立和创造，没有独立精神，往往很难产生创造性的成果。1929年6月3日，在清华大学国学院导师王国维逝世二周年之际，国学院师生为纪念这位杰出的学者，募款修造“海宁王静安先生纪念碑”，同为国学院导师的陈寅恪先生撰写了碑铭，其中写道：“先生之著述，或有时而不章；先生之学说，或有时而可商；惟此独立之精神，自由之思想，历千万祀，与天壤而同久，共三光而永光。”这是对于一位学者的极高评价。中国著名的史学家、文学家司马迁所讲的“究天人之际，通古今之变，成一家之言”也是强调要在古今贯通中形成自己独立的见解，并努力达到新的高度。博士生应该以“独立之精神、自由之思想”来要求自己，不断创造新的学术成果。

诺贝尔物理学奖获得者杨振宁先生曾在20世纪80年代初对到访纽约州立大学石溪分校的90多名中国学生、学者提出：“独创性是科学工作者最重要的素质。”杨先生主张做研究的人一定要有独创的精神、独到的见解和独立研究的能力。在科技如此发达的今天，学术上的独创性变得越来越难，也愈加珍贵和重要。博士生要树立敢为天下先的志向，在独创性上下功夫，勇于挑战最前沿的科学问题。

批判性思维是一种遵循逻辑规则、不断质疑和反省的思维方式，具有批判性思维的人勇于挑战自己、敢于挑战权威。批判性思维的缺乏往往被认为是中国学生特有的弱项，也是我们在博士生培养方面存在的一个普遍问题。2001年，美国卡内基基金会开展了一项“卡内基博士生教育创新计划”，针对博士生教育进行调研，并发布了研究报告。该报告指出：在美国和欧洲,培养学生保持批判而质疑的眼光看待自己、同行和导师的观点同样非常不容易,批判性思维的培养必须要成为博士生培养项目的组成部分。

对于博士生而言,批判性思维的养成要从如何面对权威开始。为了鼓励学生质疑学术权威、挑战现有学术范式,培养学生的挑战精神和创新能力,清华大学在2013年发起"巅峰对话",由学生自主邀请各学科领域具有国际影响力的学术大师与清华学生同台对话。该活动迄今已经举办了21期,先后邀请17位诺贝尔奖、3位图灵奖、1位菲尔兹奖获得者参与对话。诺贝尔化学奖得主巴里·夏普莱斯(Barry Sharpless)在2013年11月来清华参加"巅峰对话"时,对于清华学生的质疑精神印象深刻。他在接受媒体采访时谈道:"清华的学生无所畏惧,请原谅我的措辞,但他们真的很有胆量。"这是我听到的对清华学生的最高评价,博士生就应该具备这样的勇气和能力。培养批判性思维更难的一层是要有勇气不断否定自己,有一种不断超越自己的精神。爱因斯坦说:"在真理的认识方面,任何以权威自居的人,必将在上帝的嬉笑中垮台。"这句名言应该成为每一位从事学术研究的博士生的箴言。

提高博士生培养质量有赖于构建全方位的博士生教育体系

一流的博士生教育要有一流的教育理念,需要构建全方位的教育体系,把教育理念落实到博士生培养的各个环节中。

在博士生选拔方面,不能简单按考分录取,而是要侧重评价学术志趣和创新潜力。知识结构固然重要,但学术志趣和创新潜力更关键,考分不能完全反映学生的学术潜质。清华大学在经过多年试点探索的基础上,于2016年开始全面实行博士生招生"申请-审核"制,从原来的按照考试分数招收博士生转变为按科研创新能力、专业学术潜质招收,并给予院系、学科、导师更大的自主权。《清华大学"申请-审核"制实施办法》明晰了导师和院系在考核、遴选和推荐上的权力和职责,同时确定了规范的流程及监管要求。

在博士生指导教师资格确认方面,不能论资排辈,要更看重教师的学术活力及研究工作的前沿性。博士生教育质量的提升关键在于教师,要让更多、更优秀的教师参与到博士生教育中来。清华大学从2009年开始探索将博士生导师评定权下放到各学位评定分委员会,允许评聘一部分优秀副教授担任博士生导师。近年来学校在推进教师人事制度改革过程中,明确教研系列助理教授可以独立指导博士生,让富有创造活力的青年教师指导优秀的青年学生,师生相互促进、共同成长。

在促进博士生交流方面，要努力突破学科领域的界限，注重搭建跨学科的平台。跨学科交流是激发博士生学术创造力的重要途径，博士生要努力提升在交叉学科领域开展科研工作的能力。清华大学于2014年创办了“微沙龙”平台，同学们可以通过微信平台随时发布学术话题、寻觅学术伙伴。3年来，博士生参与和发起“微沙龙”12 000多场，参与博士生达38 000多人次。“微沙龙”促进了不同学科学生之间的思想碰撞，激发了同学们的学术志趣。清华于2002年创办了博士生论坛，论坛由同学自己组织，师生共同参与。博士生论坛持续举办了500期，开展了18 000多场学术报告，切实起到了师生互动、教学相长、学科交融、促进交流的作用。学校积极资助博士生到世界一流大学开展交流与合作研究，超过60%的博士生有海外访学经历。清华于2011年设立了发展中国家博士生项目，鼓励学生到发展中国家亲身体验和调研，在全球化背景下研究发展中国家的各类问题。

在博士学位评定方面，权力要进一步下放，学术判断应该由各领域的学者来负责。院系二级学术单位应该在评定博士论文水平上拥有更多的权力，也应担负更多的责任。清华大学从2015年开始把学位论文的评审职责授权给各学位评定分委员会，学位论文质量和学位评审过程主要由各学位分委员会进行把关，校学位委员会负责学位管理整体工作，负责制度建设和争议事项处理。

全面提高人才培养能力是建设世界一流大学的核心。博士生培养质量的提升是大学办学质量提升的重要标志。我们要高度重视、充分发挥博士生教育的战略性、引领性作用，面向世界、勇于进取，树立自信、保持特色，不断推动一流大学的人才培养迈向新的高度。

邱勇
清华大学校长
2017年12月5日

丛书序二

以学术型人才培养为主的博士生教育，肩负着培养具有国际竞争力的高层次学术创新人才的重任，是国家发展战略的重要组成部分，是清华大学人才培养的重中之重。

作为首批设立研究生院的高校，清华大学自20世纪80年代初开始，立足国家和社会需要，结合校内实际情况，不断推动博士生教育改革。为了提供适宜博士生成长的学术环境，我校一方面不断地营造浓厚的学术氛围，一方面大力推动培养模式创新探索。我校已多年运行一系列博士生培养专项基金和特色项目，激励博士生潜心学术、锐意创新，提升博士生的国际视野，倡导跨学科研究与交流，不断提升博士生培养质量。

博士生是最具创造力的学术研究新生力量，思维活跃，求真求实。他们在导师的指导下进入本领域研究前沿，吸取本领域最新的研究成果，拓宽人类的认知边界，不断取得创新性成果。这套优秀博士学位论文丛书，不仅是我校博士生研究工作前沿成果的体现，也是我校博士生学术精神传承和光大的体现。

这套丛书的每一篇论文均来自学校新近每年评选的校级优秀博士学位论文。为了鼓励创新，激励优秀的博士生脱颖而出，同时激励导师悉心指导，我校评选校级优秀博士学位论文已有20多年。评选出的优秀博士学位论文代表了我校各学科最优秀的博士学位论文的水平。为了传播优秀的博士学位论文成果，更好地推动学术交流与学科建设，促进博士生未来发展和成长，清华大学研究生院与清华大学出版社合作出版这些优秀的博士学位论文。

感谢清华大学出版社，悉心地为每位作者提供专业、细致的写作和出版指导，使这些博士论文以专著方式呈现在读者面前，促进了这些最新的优秀研究成果的快速广泛传播。相信本套丛书的出版可以为国内外各相关领域或交叉领域的在读研究生和科研人员提供有益的参考，为相关学科领域的发展和优秀科研成果的转化起到积极的推动作用。

感谢丛书作者的导师们。这些优秀的博士学位论文，从选题、研究到成文，离不开导师的精心指导。我校优秀的师生导学传统，成就了一项项优秀的研究成果，成就了一大批青年学者，也成就了清华的学术研究。感谢导师们为每篇论文精心撰写序言，帮助读者更好地理解论文。

感谢丛书的作者们。他们优秀的学术成果，连同鲜活的思想、创新的精神、严谨的学风，都为致力于学术研究的后来者树立了榜样。他们本着精益求精的精神，对论文进行了细致的修改完善，使之在具备科学性、前沿性的同时，更具系统性和可读性。

这套丛书涵盖清华众多学科，从论文的选题能够感受到作者们积极参与国家重大战略、社会发展问题、新兴产业创新等的研究热情，能够感受到作者们的国际视野和人文情怀。相信这些年轻作者们勇于承担学术创新重任的社会责任感能够感染和带动越来越多的博士生，将论文书写在祖国的大地上。

祝愿丛书的作者们、读者们和所有从事学术研究的同行们在未来的道路上坚持梦想，百折不挠！在服务国家、奉献社会和造福人类的事业中不断创新，做新时代的引领者。

相信每一位读者在阅读这一本本学术著作的时候，在吸取学术创新成果、享受学术之美的同时，能够将其中所蕴含的科学理性精神和学术奉献精神传播和发扬出去。

如飞

清华大学研究生院院长

2018年1月5日

导师序言

如今，个性化推荐技术已经广泛应用到电子商务、内容分发以及社交网络服务等消费系统中。它如同一个智能化的信息助手，通过分析用户与系统的交互历史行为，如浏览、点击、购买、评价等，挖掘用户偏好和潜在消费需求，即可为用户推荐感兴趣的物品。随着推荐系统的广泛应用，其作用日益彰显。通过捕捉用户偏好和精准匹配用户需求，个性化推荐系统在提升用户的消费体验的同时，也提高了企业运营效率和收益。

因此，如何设计合理有效的个性化推荐系统已经成为业界和学界普遍关注的问题。从2006年开始举办的、当年风靡一时的Netflix Prize推荐模型竞赛，到近年来国内著名电商平台阿里巴巴、京东都频频推出的有关推荐系统的竞赛，越来越多的科研人员加入到推荐系统的研究中来，贡献了各种各样的推荐模型和算法，也大大提高了推荐系统在业界和学界的影响力。

用户的消费行为是一个复杂的过程，存在多种影响因素，其中个性心理因素是影响用户选择物品、服务进行消费的重要因素。营销、心理学以及信息系统相关领域的研究旨在描述和解释用户的行为，而有关用户行为的预测及其在推荐系统中的应用方面的研究还十分缺乏。同时，已有研究多数采取实验、问卷调查等方式，不仅耗费大量的人力物力，得到的数据十分有限，数据的客观性也难以得到保障。因此，基于用户在消费过程中的行为数据，通过数据驱动的分析方法和技术，发现用户潜在的需求和心理因素，基于用户的个性心理因素进行用户行为的预测和个性化推荐方法的设计，这就成了非常值得研究的具有挑战性的课题。本书作者以此为切入点，在攻读博士学位期间选取了探索、涉入、从众三种心理特质，结合心理学理论和数据科学理论，系统展开了考虑用户心理因素的推荐方法研究，丰富了用户心理分析、行为预测和个性化推荐领域的研究方法。

考虑心理因素的推荐方法研究首先需要解决“心理因素识别”的问题。用户心理因素具有不可观测和因人而异的特点，给心理因素的识别带来很大的挑战。为了解决这个问题，本书援引有关心理学理论作为支撑，基于贝叶斯模型的框架提出了新型的概率图模型,通过用户的外在行为表现挖掘其内在心理特质,并将心理因素的影响加入用户行为预测中,提出了一系列新颖的推荐模型和策略,显著提高了个性化推荐的性能。此外,本书提出了数据驱动的分析用户心理特质和行为模式的方法,基于已有经典理论分析新型电子商务情景中的用户行为,发现了很多有意义的行为特质和结论,为电子商务的运营管理和决策提供了有效启示。

总之,本书以心理学理论和数据科学为基础,设计了一系列基于用户行为挖掘用户潜在心理特质并应用于行为预测和推荐系统的模型和方法,这些模型和方法不仅提升了推荐系统的性能,也同时便于理解用户行为,提升推荐系统的可解释性,为个性化推荐领域的研究以及消费者行为的研究开辟了新的方向。从更广义层面来说,利用有关心理学和行为学理论指导机器学习等计算模型的设计正成为一个有前景的研究方向,将催生出更多值得研究的问题。

本书涉及的研究得到国家自然科学基金项目"考虑心理因素的用户在线行为预测及其在推荐系统中的应用研究(编号 71771131)"的资助,特此说明。

刘红岩

2019 年 12 月于北京清华园

摘　要

如今，个性化推荐技术已经得到广泛的应用，成为业界和学界的研究热点。个性化推荐旨在通过预测用户的行为和偏好为用户推荐需要的物品。以往的推荐研究较少考虑心理因素的影响，本书着重研究如何基于用户行为数据挖掘其潜在的心理特质，并将其考虑到用户行为预测和推荐中，以提升个性化推荐的效果。为了解决这一问题，笔者援引用户心理学和行为学的相关理论为支撑，基于贝叶斯模型进行推荐方法设计，通过用户的外在行为表现挖掘其内在心理特质。

具体来说，本书重点考虑了三类心理特质的影响，包括探索、涉入和从众，来进行推荐方法的设计。

探索指用户的多样化探求倾向，受个体最佳刺激水平的影响。在考虑探索的推荐中，将探索心理识别和用户行为建模统一起来，提出 GEM 模型。该模型整合高斯模型和话题模型，并引入马尔科夫依赖关系对前后选择行为之间的序列关系进行建模。

涉入指用户内在感知的物品的重要性，与其内在的需求、兴趣和价值取向有关。在考虑涉入的推荐中，将涉入度识别和兴趣发现统一起来，提出 IMAR 模型。该模型利用浏览强度识别涉入度高低，并综合用户选择和浏览行为发现用户兴趣。

从众指个体倾向于匹配群体规范而改变自身的观点、行为和态度。与传统社会化推荐研究不同，本研究试图区分不同朋友圈子影响的差异性，提出 ICTM 模型。该模型能结合社会网络结构和用户的选择行为自动地划分朋友圈，并在对用户选择行为进行建模时自动地考虑不同朋友圈的影响。

在真实的推荐数据集上的实验表明，以上推荐模型均明显优于传统推荐方法，说明了考虑心理因素对于提升个性化推荐质量的重要作用。不仅如此，笔者还得到了一系列有关用户心理倾向和行为模式的有趣结论，给平台运营和管理提供了有效启示。比如，探索倾向高的用户更喜欢寻求多样化，有更高的风险偏好和参与度；又如，游戏类应用往往比功能类应用更容易引发用户的涉入。

总而言之，本书立足于信息系统技术研究和行为研究的交叉点，结合心理特质分析用户行为偏好，提出了具有创新性的用户行为建模方法，提升了推荐系统性能，丰富了用户行为分析和个性化推荐的理论和方法。

关键词：个性化推荐；心理因素；贝叶斯模型；话题模型

Abstract

Nowadays, personalized recommendation techniques have been widely used and become a hot research topic in both industry and academia. Personalized recommendations aim to recommend users the items they desire by predicting their behaviors and preferences. Existing recommendation studies pay limited attention to the role of psychological factors. However, this study focuses on explicitly mining users' psychological factors from their behaviors, and incorporating the discovered psychological factors into the task of user behavior prediction and item recommendation, in order to improve the performance of personalized recommendation. To solve this problem, we lay theoretical foundations in psychological and behavioral theory, design novel recommendation methods based on the framework of bayesian models, and mine users' internal psychological factors from their external behavioral patterns.

Specifically, we select three representative psychological factors, including exploration, involvement, and conformity, to improve the design of recommendation models.

Exploration refers to the tendency that an individual seeks variety, affected by his or her optimum stimulation level. To consider the effect of exploration in recommendation, we propose a novel GEM model to identify a user's exploratory tendency and model his or her behaviors simultaneously. This model combines mixture Gaussian models and topic models with a Markov dependency rule that could consider the sequential pattern between a user's successive selection behaviors.

Involvement refers to a user's perceived relevance of a product category, based on the user's inherent needs, interests, and values. To consider the effect of involvement in recommendation, we propose an innovative IMAR model capable of discovering a user's involvement states and interests at the same time. This model identifies involvement states through browsing intensity, and discovers interests from both users' browsing and selection behaviors.

Conformity refers to the tendency that an individual changes his or her opinions, behaviors or attitudes according to group norms. In contrast with existing studies on social recommendation, this study tries to differentiate the influence of different friend groups and proposes ICTM model. This model is able to automatically detect friend groups according to users' selection behaviors and the structure of social networks among the users, and appropriately incorporate the social influence of specific friend groups in modeling users' selection behaviors.

Experimental results on real-world recommendation datasets show the superior performance of our proposed models in comparison to state-of-art recommendation methods, demonstrating the essential role of considering psychological factors in personalized item recommendation. Furthermore, this study also obtains some interesting findings on users' psychological and behavioral patterns, which provide useful implications for platform operation and management. For example, users of high exploratory tendency prefer to seek variety, take risks and demonstrate higher participation. Besides, game apps are more likely to arouse users' involvement than utility apps.

Overall, standing at the intersection of technical and behavioral study in information systems research, this study predicts user preferences by considering psychological factors and proposes some innovative methods for user behavior modeling, which largely improves the predicative quality of recommender systems and has enriched the theories and methods in user behavior analytics and personalized item recommendations.

Key words: personalized item recommendations; psychological factors; bayesian models; topic models

目　录

Contents

第1章 引 言

1.1 选题背景与意义

随着互联网和信息技术的发展,人类已经从信息匮乏时代进入信息过载时代。信息正以前所未有的速度呈现"爆炸式"增长,世界上每天学术论文的发表量达13 000~15 000篇,新浪微博用户每天发布微博超过1亿条,亚马逊平台平均每天增加4万种商品①。当今时代信息呈现几何级数的增长,远远超过人类的信息处理速度,如何借助高效的信息过滤技术快速从海量信息中找到自己需要的信息,这已成为亟待解决的问题。

搜索引擎在一定程度上解决了信息过载的问题,它根据用户提供的查询关键词,从数据库中查找并返回和查询词相匹配的信息。搜索引擎返回的信息质量很大程度上取决于查询词表达的准确程度,因而搜索引擎这种信息过滤技术更适合处理能明确表达的信息需求。然而,很多情况下,用户的信息需求并不明确。比如,当我们希望在闲暇时看一部电影打发时间,希望在工作时听几首作为背景音乐的歌曲,希望去淘宝购买一件自己喜欢的衣服时,我们往往很难明确表达自己的需求,而且需求可能因为个人偏好、时间、情境的不同而不同。这就需要一种自动化的推荐工具,它能根据用户的历史行为数据自动地分析用户兴趣,并从海量的商品中找到用户喜欢的信息或商品进行推荐。这样的工具就是个性化推荐系统。

个性化推荐系统就类似一个智能化的信息助手,它通过分析用户的历史行为,如浏览、点击、购买记录等,分析和预测用户偏好,给用户推荐能满足其需求或感兴趣的信息或商品。个性化推荐系统很好地匹配了生产者和消费者之间的信息需求,一方面,它帮助消费者从不计其数的商品中方便快捷地找到自己心仪的商品;另一方面,它帮助生产者将丰富多样的产品推荐给有相应需求的、感兴趣的客户,在降低营销成本的同时极大地提高产品

---

① 参见 http://www.soft808.com/Technology/2015-10-27/K4JKI2J67CG0E6G4237.html。

的销量。

如今,个性化推荐技术已经广泛应用到电子商务网站、电影和视频网站、音乐平台以及社交网络中。著名的电子商务网站亚马逊就是积极应用个性化推荐系统的行业先驱。亚马逊通过平台用户的历史购买记录挖掘物品和物品之间的关联信息,给用户推荐与其已购买的物品相似的其他物品。这就是后来被业内广泛使用的推荐方法——“基于物品的协同过滤”。该方法基于“购买 A 物品的用户也购买 B”的思路进行推荐,具有较好的可解释性和扩展性。和亚马逊一样,另一家极其关注个性化推荐的代表性公司是经营在线影片租赁的 Netflix。Netflix 为了帮助客户更快地找到自己感兴趣的影片,从 2006 年 10 月起组织 Netflix Prize 推荐算法竞赛,公开上亿条真实的客户对电影的匿名评分数据,要求参赛者预测客户究竟喜欢什么样的影片,预测精度提高 10%以上的队伍将获得 100 万美元的奖金,该项大奖最终在比赛举办 3 年后被 AT&T 的研究人员获得。Netflix 竞赛不仅吸引了广大科研人员加入到推荐算法研究中,极大地推进了个性化推荐研究的发展,也让工业界迅速认识到了推荐系统的重要性,个性化推荐技术逐渐成为各大电商平台、新闻内容网站的标准配置。近年来,个性化推荐技术也受到国内电子商务平台的广泛重视,值得一提的是阿里巴巴从 2014 年起推出“天池”大数据平台并举行天猫推荐算法大赛。该比赛基于天猫平台积累的真实购买数据,涉及千万级天猫用户、上万个品牌,共计 5 亿多条行为记录,要求参赛者们基于用户历史行为预测用户的购买行为。这些工商界举办的各类推荐比赛极大地促进了推荐系统的发展,也实现了学术界和工商界的“双赢”,学术界从中收获了稀缺的大规模推荐数据集,工商界也收获了优秀的推荐算法,从而显著地提高了平台收益水平和客户满意度。

随着推荐系统的广泛应用,个性化推荐技术的作用越来越凸显出来。亚马逊前首席科学家曾透露亚马逊电子商城 20%～30%的销售均来自推荐系统;Netflix 曾宣称有 60%的用户通过推荐系统找到自己感兴趣的电影和视频;美国著名的视频网站 Youtube 通过在线实验发现个性化推荐列表的点击率是热门视频列表点击率的两倍;著名的新闻阅读网站 Digg 尝试在网站首页加入推荐系统后,发现用户行为的活跃度明显增强,表现为 Digg 总数提高了 40%,用户好友数平均增加了 24%,评论数平均增加了 11%①。可见,个性化推荐系统通过捕捉用户偏好和精准匹配用户需求,既

① 项亮. 推荐系统实践[M]. 人民邮电出版社,2012:7-16.

明显提高了商品的点击率和平台的收益额，也加强了平台用户之间的交流和互动。这些用户行为数据的积累又为进一步提高推荐系统质量提供了丰富的行为反馈信息，有助于实现推荐系统设计、上线和发展的良性循环。

当今时代，在线社交网络的发展和以智能手机为代表的移动终端的普及，给个性化推荐的研究带来了新的机遇和挑战。Facebook、微博、微信等在线社交网络的发展积累了大量的社会关系数据，智能手机和移动应用的发展让用户可以随时随地地接入互联网进行消费、娱乐或信息发布，也实时记录了用户的生活轨迹和移动数据。这为推荐系统的开发积累丰富数据的同时，也对推荐系统的设计提出了更高的要求，如何实现推荐的"社会化""移动化""情境化""实时化"等成为研究者们广泛关注的问题。笔者立足于个性化推荐领域，试图充分挖掘用户行为数据，设计新颖的推荐算法，以进一步提高个性化推荐的质量。

1.2　研究历史与现状

尽管个性化推荐的研究可以上溯至认知科学[1]、逼近理论[2]、信息检索[3]、预测理论[4]等研究领域，而且也与管理科学和营销领域的消费者选择模型[5]有一定关系，但直到 20 世纪 90 年代中期才成为一个独立的研究领域。一般认为个性化推荐系统的研究始于 1994 年美国明尼苏达大学研究者提出的 GroupLens[6]系统，该系统通过用户的其他行为预测用户的偏好，也就是后来被称为"基于用户的协同过滤"的经典推荐算法。之后，个性化推荐技术得到进一步的重视和发展。1995 年，美国卡耐基 · 梅隆大学的 Robert Armstrong 等人在美国人工智能协会上提出了 Web Watcher[7]个性化导航系统；1996 年，雅虎推出个性化入口 My Yahoo；1997 年，AT&T 实验室开发了基于协同过滤的推荐系统 PHOAKS 和 Referral Web。前期的个性化推荐系统主要基于用户的协同过滤，即通过计算用户之间的相似度，给用户推荐相似用户喜欢的物品。然而，因为更新用户之间的相似度矩阵需要较大的时空开销，难以满足电商平台上大规模用户群的推荐需求。号称"推荐系统之王"的亚马逊电子商务公司于 2003 年提出了基于物品的协同过滤算法[8]，该方法依赖于物品之间的相似度关系，给用户推荐与已购买物品相似的其他物品。因为电商平台上商品相对稳定，商品之间的相似度矩阵可以提前计算和存储，因而基于物品的协同过滤有较好的可扩展性，逐渐成为广大电子商务平台普遍采用的方法。后来，随着著名影片租赁公司 Netflix 从 2006 年起发起推荐算法大奖赛以及美国计算机协会从 2007 年起发起推荐系统大会 RecSys，个性化推荐成为学术界和工商界的热门研究领域之一，推荐系统的研究也被推向了高潮，涌现出多种多样的基于模型的推荐方法，如矩阵分解[9]、隐语义分析[10]、话题模型[11]等。

个性化推荐的研究根据数据形式的不同，可以分为基于显式评分数据的推荐和基于隐式反馈数据的推荐两种形式。显式评分数据指明确给出用户偏好水平的数据集，通常用 5～1 标明用户的喜恶程度，这类数据同时包含正例和负例。基于显式评分数据集的推荐往往致力于预测用户对物品的具体评分，预测平均标准差 RMSE[12] 越小，表示推荐系统的效果越好。而隐式反馈数据是包含用户和物品之间交互行为的数据，如地点签到行为、网页浏览行为、应用下载行为、商品购买行为等等[13,14]。这些观测到的用户行为数据能够表现用户对相应物品的喜欢和关注，可以作为推荐系统的正例，但却不存在用户显式给出的负例，因为未观测到用户行为的数据可能是出于不喜欢，也可能是用户还没有发现此物品。相应地，基于隐式数据集的推荐任务多为 Top-N 推荐，往往通过 AUC、Recall 和 Precision[12] 等指标进行评价。从推荐系统研究历史来看，基于显式评分数据的推荐是最传统也是最经典的研究问题，而基于隐式反馈数据的推荐的研究则是近年来推荐系统研究的热点所在，这一方面是因为现实生活中隐式反馈数据更为丰富，另一方面也是因为从隐式反馈推导用户偏好更具挑战性。

近年来，推荐系统的研究向着“社会化”“移动化”“情境化”的方向发展，相应地涌现出社会化推荐[15]、移动位置推荐[16]、情境化推荐[17,18]等多个热门研究方向。这些研究方向的涌现一方面得益于在线社交网络和移动社交网络(location-based social networks)的发展，为个性化推荐系统的开发提供了更为丰富的数据来源。除了传统的用户和物品之间的交互信息，我们还可以获取用户和用户之间的社会关系以及用户行为所对应的时间、地点、天气等情境信息。另一方面，也是为了解决传统推荐系统研究的一系列问题，如数据稀疏性问题、冷启动问题、推荐缺乏可解释性和实时性等。例如，社会化推荐主要通过引入社会关系，利用朋友之间的相似性或社会影响，提高个性化推荐的质量，缓解推荐数据的稀疏性问题。又如，情境化推荐通过综合考虑用户所处的时间、地点、天气等上下文信息，更明确地预测当前情境下的用户偏好，从而给用户推荐适合当时情境的信息或商品。这一点在音乐推荐[19]中就极为重要，虽然人们的音乐兴趣往往多种多样，但从事某类活动时往往倾向于听特定类型的音乐，例如跑步时更喜欢充满活力的快节奏音乐，而读书写作时则倾向于选择节奏舒缓的轻音乐，因而结合时间和地点信息捕捉用户当下可能的活动状态，再推荐与用户兴趣和活动状态相匹配的音乐，有助于改善推荐质量，提升用户体验。可见，恰当的考虑社会关系和情境位置等额外信息对于提高推荐系统的效果作用显著。

尽管推荐系统的研究已经持续了20多年，但该领域仍有许多值得研究的问题。King、Lyu和Ma[15]在有关社会化推荐系统的综述中提到社会化推荐的几个可能的扩展方向，包括考虑关系的异质性和进行用户分群等，建议在推荐不同类型的物品时考虑不同朋友圈的影响。Adomavicius和Tuzhilin[20]在推荐系统综述中指出下一代推荐系统应该进一步加深对用户行为的理解，考虑用户与系统之间的交互影响，采用更为系统深入的方法来构建用户兴趣档案，提升推荐系统的效果。最近，已有少量的推荐系统研究开始考虑用户的人格特质或购买决策过程中的特定心理现象。例如，Zhang、Zheng、Yuan等人[21]通过分析用户的就餐行为挖掘个体的创新特质，即是否喜欢尝试新的东西，并在设计餐馆推荐系统中将个体的创新倾向考虑进来。Liu、Zeng、Liu等人[22]挖掘用户购物行为中的犹疑不决现象，即消费者在进行购物决策时往往对可能的选择方案进行反复比较和斟酌，据此提出动态捆绑销售的方案，并且提升了相关推荐的效果。这些研究为本书个性化推荐的研究选题提供了新的思路和启示。

1.3　研究内容和框架

所谓"个性化"推荐，就是强调关注用户个体的差异性，注重提升用户体验和满意度。因而，在设计推荐算法时，从用户出发，考虑用户个体心理特质的差异，理解用户在选择过程中的心理现象和决策机制，显得尤为重要。

立足于个性化推荐和消费心理学、社会心理学的交叉点，笔者将研究选题确定为考虑用户心理因素的个性化推荐方法研究。一方面，本研究试图加深对用户的理解，挖掘用户的潜在心理特质对用户选择和决策的影响，在推荐中考虑个体心理特质的差异；另一方面，本研究也补充和扩展了心理学研究的实证结果。与传统的基于问卷调查和心理实验的研究方法不同，数据驱动的研究避免了可能的主观误差的影响，省去了问卷实验的人力和时间成本，从而使得大规模分析用户心理现象成为可能。

消费者心理学认为，用户的购买决策既取决于个体的人口学统计信息、人格特质、心理感受等变量，也受家人、朋友、参照群体等社会群体的影响。

为此，笔者从个体层面和群体层面出发，代表性地选取了三类心理特质，即探索、涉入和从众，分别就三者对用户选择决策的影响建模，并将其考虑到推荐算法设计中，以提高个性化推荐的质量。本研究的框架如图 1.1 所示，重点是三类心理特质对于用户行为预测的影响，相应地提出了三个推荐模型和推荐策略。简单来说，探索和涉入属于个体层面的心理特质，对应考虑探索的推荐模型 GEM 和考虑涉入的推荐模型 IMAR。其中，探索侧重考察用户的多次选择行为之间的关系，通过 GEM 模型识别用户多样化探索倾向的高低；涉入关注用户选择决策前的信息搜索环节，通过 IMAR 模型识别用户涉入度的高低。从众考虑的是群体层面的社会影响，对应提出 ICTM 模型，差异化地考虑用户行为受不同朋友圈的影响。

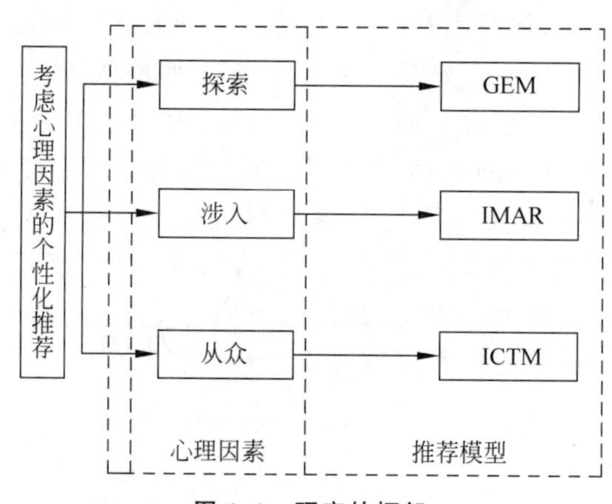

图 1.1　研究的框架

具体来说，本书的研究内容包括以下三个方面。

第一，考虑探索心理对个性化推荐的影响，利用用户选择序列（如应用下载行为）挖掘用户探索倾向，考虑探索心理对用户选择决策的影响，以提高个性化推荐的效果。根据最佳刺激水平理论，如果外界刺激物的唤起潜力未达到个体的最佳刺激水平，个体就会继续寻求其他刺激物以达到最佳水平，这就引发了探索行为。在购物消费中，这种探索行为具有喜欢冒险、寻求多样性和好奇驱动的特点。移动应用下载中也存在这种多样化探索行为，反映为用户为实现某一特定目标常常连续下载多个功能相似的应用。为此，本研究基于用户的移动应用下载行为数据，识别用户的探索倾向和探索行为，并将其考虑到个体行为建模中以提高个性化推荐的质量。

第二，考虑涉入（involvement）心理对个性化推荐的影响。根据涉入理论,消费者购买决策的涉入度高低很大程度上与商品特点有关,也直接影响了决策过程中消费者信息收集和处理的程度[23]。比如,消费者在购买价格高昂、品牌差异大、反映消费者身份象征的商品时,往往产生高涉入度的购买行为,表现为在购买前有意识地主动搜集信息,反复比较不同品牌间商品的异同,并最终做出购买决策。类似地,在移动应用下载中,用户的下载决策也呈现出不同的涉入度,其信息收集行为反映在下载前的浏览行为中。为此,本研究通过浏览行为识别用户涉入度的高低,并将涉入度的影响考虑到用户兴趣发现中,以更好地识别用户兴趣并提高推荐质量。

第三,考虑从众心理对个性化推荐的影响,该研究属于社会化推荐的范畴。自我分类理论认为,个体倾向于将自己和他人根据特定社会属性,归属于不同的群体,并表现出和所在群体一致的行为[24]。因此,在对用户不同选择行为建模时,有必要区分性地考虑特定参照群体的影响。具体来说,本研究试图结合社会网络结构和用户的选择行为信息自动地划分朋友圈,识别不同朋友圈的兴趣,并在对用户的选择行为进行建模时恰当地考虑特定朋友圈的影响,以此提升社会化推荐的效果。

1.4 研究挑战和方法

尽管考虑用户心理因素对于提升推荐系统质量、加深对用户的理解以及提升用户体验展示出较大的潜力,然而,具体如何从用户行为数据挖掘用户的潜在心理特质和行为模式,并将用户心理特质的个体差异和发现的行为模式考虑到推荐系统的设计中来,却并不容易而且颇具挑战。首先,用户的心理特质是潜在的、隐含的。例如用户的一次选择行为是否出于从众心理或受朋友影响,是不能直接从数据中观测出来的,需要深入挖掘用户的行为模式,将这种隐含的心理现象揭示出来。其次,用户的心理倾向是因人而异的。比如,有的用户可能具有较强的从众倾向,而有的用户可能更加追求个性,因而需要很好地考虑并识别这种个体差异,不能一概而论;最后,用户的选择决策过程是一个黑箱,如何恰当地考虑心理因素对最终行为决策的影响也是关系到推荐系统质量的关键问题。

为了解决以上问题,笔者基于贝叶斯模型的框架设计推荐模型。贝叶斯模型是有向概率图模型,定义了随机变量之间的概率生成关系[25]。传统的基于贝叶斯框架的推荐模型大多假设用户的选择行为(i)受兴趣(z)的影响,如图 1.2(a)所示。这类模型基于用户选择行为发现用户的兴趣,也从兴趣的角度解释了用户的选择行为。不同的是,本研究在兴趣的基础上,引入另一重要维度——心理因素,同时对用户兴趣和心理因素对用户选择行为的影响进行建模。考虑心理因素的推荐模型一般包含兴趣(z)和潜在心理因素(e)等隐变量,以及用户选择行为(i)和外在心理表现(s)等显变量,如图1.2(b)所示。图1.2(b)展示了用户兴趣变量、心理变量和行为变量之间的一种可能的生成关系,即用户兴趣变量(z)和心理变量(e)二者同时影响用户的选择行为(i)。

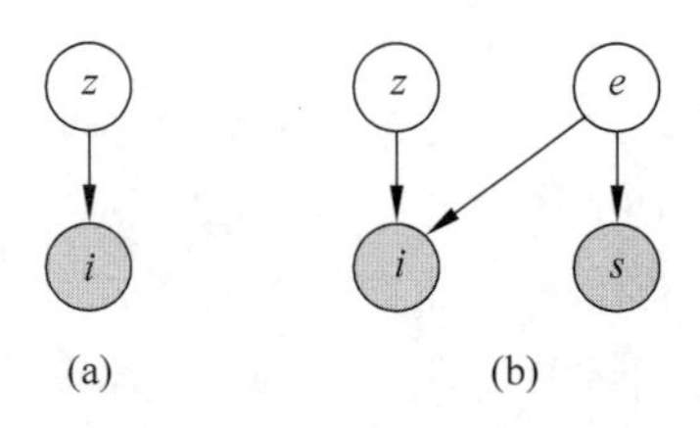

图1.2　贝叶斯推荐模型示意

具体来说,考虑心理因素的推荐模型具有以下三大特点:

第一,以用户心理和行为学理论为基础,基于外在行为表现发现潜在心理因素。贝叶斯模型中的变量包括不可观测的隐变量和可观测的显变量两大类。如图1.2(b)所示,有阴影的变量(i 和 s)是显变量,无阴影的变量(z 和 e)是隐变量。为了有效地发现潜在心理因素(e),如何正确地选择显变量(s)至关重要。为此,笔者试图寻求相关心理学和行为学的理论支持,建立内在心理因素和外在行为表现之间的对应关系,并设计相应的模型基于外在行为表现发现用户的潜在心理因素,对应图1.2(b)中 $e \rightarrow s$ 部分。外在行为表现变量(s)的选取是关系到心理因素能否有效识别的关键所在,也是建模时极具挑战性和创新性的地方。以往的心理学和行为学研究多基于问卷研究和心理学实验的方法进行心理变量的测量,而非采用数据驱动的方法从用户的外在行为表现进行内在心理特质的识别。同时,本研究为每个用户设计独立的心理倾向分布,以考虑用户心理倾向的个体差异性。

第二,将兴趣发现和心理因素识别统一到一个模型中,进一步提高了用户行为预测和个性化推荐的质量。不同于传统推荐模型仅仅考虑用户兴趣的影响进行推荐,本研究引入心理因素这一重要维度,考虑用户行为决策过程中用户心理的影响,从而使得用户行为预测更加准确。图1.2(b)中展示了一种可能的建模方式,即兴趣(z)和心理变量(e)同时影响用户行为选择(i)。比如,对于两个同样具有“科幻类”电影观影兴趣的用户A和B,从众倾向较高的用户A可能倾向于选择他的朋友喜欢的科幻类电影，而喜欢追求个性的用户B则倾向于遵从自身的偏好进行选择。

第三，基于贝叶斯框架的推荐模型具有很好的可解释性。如图1.2(b)所示，该图解释了用户选择行为(i)同时受用户兴趣(z)和心理变量(e)的影响。模型学习过程能基于输入数据识别隐变量(z 和 e)，从而将影响用户行为选择和决策过程的潜在因素揭露出来。可见，与传统的推荐模型(如矩阵分解等)将推荐过程视为黑箱、缺乏解释性不同，本书所提出的推荐模型能有效地从用户兴趣和心理的角度解释用户行为的产生过程和决策机制。

1.5　研究成果和创新点

已有的个性化推荐研究大多基于单纯的计算机或统计模型，试图通过捕捉用户和物品之间的相关关系进行偏好预测，而忽略了用户内在心理因素和心理机制对于行为决策的影响，因而存在预测精度偏低、缺乏可解释性等问题。与之不同，本研究的创新点在于引入消费者心理和行为学的相关理论指导推荐方法设计，通过用户外在行为模式挖掘其内在心理特点，并考虑用户心理和偏好的差异性进行个性化推荐。因而，该研究有较强的创新性和学科交叉性，为信息系统领域技术研究和行为研究的结合提供了新的视角。一方面，行为研究的相关理论能够指导技术研究的方法设计；另一方面，技术研究也进一步扩展和丰富了行为研究的实证结果和研究方法。

总结来说，本书所列研究的主要成果和创新点体现在以下三个方面。

第一，考虑探索心理对用户选择行为的影响，提出考虑探索的推荐模型GEM。该模型结合话题模型、混合高斯模型和马尔科夫依赖关系，同时对用户选择序列(离散数据)和相似度序列(连续数据)的生成建模，并考虑前后选择行为之间的序列相关关系。该模型能够有效地识别用户选择行为的潜在目标和探索状态。在移动应用推荐数据集上的实验表明，GEM模型较之于传统推荐方法具有明显的优势。此外，GEM模型还能有效识别用户的探索倾向，提供了一个从探索倾向角度进行用户分群的工具，并得到了有关探索倾向和用户行为模式的相关发现。

第二，考虑涉入心理对于用户行为决策的影响，提出了考虑涉入的推荐模型IMAR。该模型以涉入理论为基础，结合用户选择序列和浏览序列进行用户的兴趣发现和涉入度水平识别。在移动应用推荐数据集上的实验结果表明，IMAR模型明显优于传统推荐方法，对于浏览行为丰富的用户而言优势尤其明显。此外,该研究还将涉入理论的研究从传统商品领域购买扩展到移动应用下载领域,丰富了有关涉入理论研究的实证分析结果。

第三,考虑从众心理对于用户选择行为的影响,且不同朋友圈影响存在差异性,提出考虑从众的推荐模型 ICTM。与已有社会化推荐模型相比,ICTM 模型的创新点在于综合用户选择列表和朋友列表自动地识别朋友圈,并对于用户的每一个选择行为动态地考虑特定朋友圈的影响。在旅行套餐数据集上的实验表明,ICTM 模型明显优于已有的推荐方法,显示了区分朋友圈的影响对于提高社会化推荐质量的重要性。同样,ICTM 模型也具有很好的可推广性和适用性,能够用于各类社会化推荐场合,且不需要显式的关系类型信息作为输入。此外,ICTM 模型除了用于个性化物品推荐之外,还能同时进行用户从众倾向的识别和兴趣圈子发现。

下面依次对各个模型的设计理念、创新点和相关结论进行详细介绍。

1.5.1 考虑探索的推荐模型

探索指用户的多样化探求倾向,受个体最佳刺激水平调节。用户的探索倾向有高有低,因人而异。在移动应用下载中,探索行为表现为连续下载多个功能相似的不同应用,以实现特定的目标。为了有效地考虑探索心理的影响以提高个性化推荐的质量,本书提出一个全新的贝叶斯模型 GEM。该模型包含混合高斯模型、话题模型和马尔科夫依赖关系三个部分。其中,混合高斯模型用于考虑前后选择物品之间的相似性信息,以识别用户当前的选择是否处于探索状态;话题模型假设用户的物品选择行为是出于特定的目标,基于用户选择序列发现潜在的目标;马尔科夫依赖关系用于连续选择行为之间的序列关系建模,考虑探索心理对于目标生成的影响,从而将用户探索状态的识别和选择行为建模统一起来。接着,基于 GEM 模型提出了综合考虑用户目标偏好和探索倾向的推荐策略。基于移动应用数据集的实验表明,GEM 推荐方法较之于已有的经典推荐方法显著提升了推荐质量,说明了在个性化推荐中考虑探索心理的影响具有明显的优势。

此外,GEM 模型还能有效地识别不同用户的探索倾向差异,提供了一种从探索倾向角度进行用户分群的有效方法。高探索用户和低探索用户具有不同的行为模式。比如,探索倾向高的用户更喜欢追求多样化和承担风险;因而,在移动应用平台推广新上线应用和冷门应用时,可以有针对性地选取高探索用户作为目标用户。这类用户更有可能下载相应的应用,这样既满足了高探索用户的探索动机,也便于平台新上线应用和冷门应用的用户行为积累。又如,高探索用户有更高的参与度和活跃度,因此,高探索用户对于提高平台的活跃度而言十分关键,值得重点维护。

1.5.2 考虑涉入的推荐模型

用户涉入度的高低是影响用户行为决策的重要心理变量,同时也受产品特点(如价格、复杂度、情感价值等)的影响。因此,有效区分用户决策过程中的涉入度高低,对于准确预测用户行为、提升推荐质量有重要作用。为此,本研究设计了考虑涉入的推荐模型 IMAR,将涉入度识别和兴趣发现统一起来,以更好地预测用户行为,并进行个性化推荐。该模型中涉入度的识别是通过挖掘用户选择决策过程中浏览强度的差异实现,而兴趣发现则综合考虑了用户的下载行为和浏览行为两方面的信息。最后,本研究还提出综合考虑用户整体兴趣和当前兴趣的推荐策略,并利用当前兴趣的涉入度高低权衡二者的影响。IMAR 推荐方法在应用推荐数据集上的实验评估收到了很好的效果,较之于已有推荐算法展现出明显的优势。可以说,IMAR 推荐方法和推荐策略的设计既具有坚实的理论基础,又有较强的方法创新性。

该方法在实现个性化推荐的同时,还提供了一种基于用户浏览行为进行涉入度识别的有效方法,并能有效区分不同兴趣的涉入度高低。例如,游戏类和学习类应用的下载具有较高的涉入度,而热门应用的下载则表现出低涉入度。已有涉入理论的研究大多集中在传统商品购买领域,关于移动应用下载情境下的涉入行为研究较少。本研究证实了在移动应用下载中,不同应用类具有不同的涉入唤起能力,这在一定程度上扩展和充实了涉入理论研究的实证结果,将其从传统商品领域扩展到移动应用这一新型的电子商务领域。

1.5.3 考虑从众的推荐模型

从众指个体行为受到参照群体(如朋友、家人等)的影响而发生变化。在已有推荐研究中,如何利用用户之间的社会关系网络来提升推荐质量属于社会化推荐的研究范畴。该类研究一般假设用户行为受其朋友的影响而与朋友行为存在相似性,并一致地考虑不同朋友的影响。与之不同,本研究试图区分用户不同朋友圈的影响,创造性地提出一种自动识别朋友圈的社会化推荐模型 ICTM。该模型的设计主要基于以下三点考虑:(1)基于用户的选择行为和朋友列表自动地识别朋友圈,能同时发现朋友圈的用户构成和兴趣偏好。(2)在对用户行为建模时,同时考虑个性和从众的影响,即用户的一个选择行为可能出于个性,也可能出于从众心理受朋友圈的影响。(3)在考虑从众心理的影响时,为每个用户行为动态地选择特定的朋友圈,并考虑不同用户从众倾向的差异性。

总而言之,ICTM 模型同时实现了用户行为建模(或个性化推荐)、从众倾向识别和兴趣圈子发现三个功能。在旅行套餐推荐上,该模型较之于已有推荐方法展现出明显优势,说明了该模型能有效地识别朋友圈,并动态地考虑不同朋友圈对用户选择行为的影响。在从众倾向识别上,该模型能有效发现不同用户从众倾向的差异性,并发现了一些用户从众倾向和行为模式的结论,比如从众倾向高的用户兴趣更加多样化。在兴趣圈子发现上,该模型能有效发现用户的朋友圈构成和兴趣分布,并以可视化的方式进行直观的呈现。

第2章 文献综述

本书从用户心理因素的角度进行个性化推荐算法的研究。本章将从个性化推荐研究和相关心理学理论两方面进行文献回顾。

2.1 个性化推荐研究

本节对推荐领域的相关研究进行回顾。首先综述推荐研究的三类方法:基于内容的推荐、协同过滤和混合推荐方法。接着回顾社会化推荐的相关研究,即如何利用社会关系信息来改善推荐质量。最后介绍与本研究相关的两个推荐研究应用领域,即移动应用推荐和旅行套餐推荐。

2.1.1 推荐方法分类

根据输入信息和推荐策略的不同,目前的推荐方法可以分为基于内容的推荐、协同过滤和混合推荐方法三大类。下面分别对每一类方法的思路和优缺点逐一介绍。

2.1.1.1 基于内容的推荐

基于内容的推荐起源于信息检索[26]和信息过滤[27]领域,是一种基本的推荐方法,多用于新闻、网页 URL 等内容推荐。它主要利用物品(item)的特征信息和用户的兴趣档案,为用户推荐与其兴趣档案相匹配的物品。利用物品的特征信息,如物品名称、类别、标签、简介等文本信息,采用 TF-IDF[28]等特征表达的方法形成物品的特征向量。用户的兴趣档案可以根据该用户购买过的物品的特征信息推导而来,最简单的可以表示成用户喜欢的物品所对应的特征向量的平均,也可以利用贝叶斯分类、聚类分析、神经网络等模型学习的方法进行预测。最后,通过计算用户兴趣档案和物品特征向量的匹配程度给用户推荐匹配度最高的物品,匹配度的计算多采用相关系数、夹角余弦等相似度指标。因此,基于内容的方法往往给用户推荐与曾经喜欢的物品相似的物品,导致推荐的多样性降低,甚至存在一定的重复推荐的可能。当然,其优点在于可以充分利用用户和物品的特征信息,且不依赖于用户和物品的交互信息,即不存在物品冷启动的问题,新加入系统的物品仍然可以被很好地推荐。

2.1.1.2 协同过滤

协同过滤[29]是应用最为广泛的推荐方法,依赖于大量收集和挖掘用户与物品之间的交互信息,给用户推荐相似用户喜欢的商品。协同过滤可以分为基于邻域的(neighborhood-based)和基于模型的(model-based)两类方法。

基于邻域的方法采用启发式策略,利用相似的用户或物品最近邻(Knearest neighbor)信息进行推荐。根据最近邻选取方式的不同又可分为基于用户的协同过滤(UserKNN)和基于物品的协同过滤(ItemKNN)。基于用户的协同过滤[29]首先通过用户的物品选择行为计算用户之间的相似度,然后为每个用户推荐相似的用户喜欢的物品。相应地,基于物品的协同过滤[30]通过物品被用户共同选择的信息计算物品之间的相似度,基于选择物品 A 的用户很有可能选择物品 B 进行推荐,从而给用户推荐与以往选择物品相似的其他物品。与基于内容的推荐相比,基于物品的协同过滤方法生成的推荐列表更具多样性。此外,与基于用户的协同过滤需要维护用户之间的相似度矩阵不同,基于物品的协同过滤只需要维护物品之间的相似度矩阵,时空复杂度更低[30,31],因而是电商平台商品推荐普遍采用的方法,如 Amazon 的商品推荐[8]、Netflix 的视频推荐等。

基于模型的方法首先通过用户和物品之间的交互或评分信息学习推荐模型,然后基于学到的模型预测用户与候选集物品之间的评分并进行推荐[20]。隐因子模型(latent factor model)是推荐系统中最为流行并被广泛认可的方法,包括矩阵分解[9]、隐含语义分析[10,32]、LDA[33]、奇异值分解[34]等技术。其中,矩阵分解的方法在 Netflix 比赛数据集上被证明相对于传统的基于邻域的方法有明显的优势[9],也是推荐系统中广泛采用的技术。例如,推荐模型 NMF[35]、PMF[36]、SocialMF[37]、TrustMF[38]均采用矩阵分解的技术,以优化预测评分作为目标函数,基于真实的显式评分数据进行模型的学习和预测。另外一类基于矩阵分解技术的推荐模型主要针对隐式反馈数据集,以优化排序作为目标函数,包括 WRMF[13]、BPR[14]、AoBPR[39]、RankALS[40]等推荐模型。另外,以 LDA 为基础的话题模型也是近年来推荐研究的热点所在[41-45],该类模型只需要正反馈数据,且具有很好的可解释性,因而被越来越多的研究者们采用以解决隐式反馈数据集上的推荐问题,如论文推荐[43]、地点推荐[42,45]等,都收到了较好的推荐效果。

与基于内容的推荐方法相比,协同过滤不依赖显式的物品特征表达,因而可以较好地解决特征复杂的物品推荐问题,如音乐推荐、图像推荐等。然而,协同过滤也有自身的缺点:首先,因为协同过滤依赖于用户和物品之间的交互信息进行推荐,因而对于刚加入系统的新物品和新用户都无法进行推荐,即存在冷启动问题;其次,因为物品数量很大(如电商网站出售的商品可能规模在百万以上),而用户有评分或行为的商品十分有限,因而存在数据稀疏性问题;最后,协同过滤的方法需要计算百万级用户和商品之间的相关性,需要大量的计算资源,存在可扩展性问题。如何解决协同过滤存在的冷启动、稀疏性、可扩展性问题也是推荐系统研究一直关注的重点。

2.1.1.3　混合推荐方法

混合推荐方法结合基于内容的推荐和协同过滤两种方法,因而可以避免单独使用二者之一可能带来的局限。根据混合策略的不同,可分为简单结合、将协同过滤融入基于内容的推荐、将基于内容的推荐融入协同过滤和统一模型整合四种[20]。

简单结合是指首先设计独立的协同过滤和基于内容的推荐系统,然后在推荐时结合二者的预测评分进行推荐。最简单的可以采用线性加权平均的结合方法[46],也可以采用投票的方法,对不同的用户或推荐场合采用不同推荐系统。

将协同过滤融入基于内容的推荐是指整体采用基于内容的推荐思路,进行用户档案和物品特征的匹配,但在计算用户档案时融入协同过滤的特点。最流行的方法是对一组基于内容的档案集合采用降维技术,从而对所有用户和物品构建低维空间的档案。例如,Soboroff 和 Nicholas[47]采用隐含语义分析的方法对基于内容的用户档案和物品特征信息整体进行降维,然后在低维空间进行匹配和推荐,收到了优于单一方案的推荐效果。

将基于内容的推荐融入协同过滤是指在传统的协同过滤技术的基础上,为每个用户维护兴趣档案。融入协同过滤的内容推荐系统不仅会为用户推荐相似用户喜欢的物品,同时也会给用户推荐和自己个人档案匹配度高的物品,这有利于解决协同过滤的冷启动和稀疏性问题[48]。

统一模型整合是指开发一个整体的推荐模型,其中同时包含基于内容的推荐和协同过滤的推荐思想。例如,Basu、Hirsh 和 Cohen[49]整合基于内容的推荐和协同过滤的特点提出了一个基于规则的统一推荐系统；Popescul、Pennock 和 Lawrence[50] 提出了一个整合内容推荐和协同过滤的概率模型框架，同时考虑用户、物品和物品特点三方面的共现性进行个性化推荐。这些统一的整合模型都被证明有优于单一推荐模型的推荐效果。整合推荐模型也是近年来推荐系统研究的热点，尤其在地点推荐[42]、旅游推荐[51-53]等文本特征信息丰富且重要的应用场合中。研究者们试图通过充分挖掘物品特征和用户与物品的历史交互行为信息来提高推荐质量。例如，Tan、Liu、Chen 等人[51]采用面向对象的思路，提出了整合旅行套餐特征信息、旅行者个人信息和历史旅行记录的概率生成模型，显著地提高了旅游推荐的质量。

2.1.2 社会化推荐

社会化推荐指通过充分挖掘用户之间的社会关系，以应对推荐数据集的稀疏性问题并改善推荐质量的一类推荐系统研究[15]。这些社会关系可以是 Facebook 上的朋友关系、Epinions 上的信任关系、Twitter 上的关注关系等。与上一节从推荐方法角度分类不同，社会化推荐是从引入社会关系作为额外信息的角度进行区分的一个推荐研究领域，与之并列的还有引入地点位置、时间、天气等情境信息的情境化推荐[18]，在此不做具体介绍。

社会化推荐研究基于这样的理念：人们的行为和偏好常常和他们的朋友有一定的相似性，这种相似性是因为同质性[54]或社会影响[55]造成的。同质性(homophily)是说人们在选择朋友时会倾向于选择跟自己兴趣爱好相似的人做朋友，而社会影响(social influence)是说成为朋友的人因为受彼此的影响，越来越表现出相同的兴趣、行为和偏好。从这个意义上说，考虑用户朋友的行为和偏好能在一定程度上为预测用户自身的行为和偏好提供信息，尤其是在用户自身行为信息过于稀疏的情况下。因此，社会化推荐的研究应运而生。

在社会化推荐研究中，利用用户间的信任关系提高推荐系统评分预测能力的推荐系统称为基于信任关系的推荐系统，包括 RSTE[56]、SocialMF[37]、TrustMF[38]、TrustSVD[57]等。其中，SocialMF 将用户的特征向量表示成其朋友特征向量的加权平均，以信任程度的大小作为权重，就社会影响对用户偏好的传递性进行了建模[37]。TrustMF 认为用户偏好会受其信任的人的影响[38]。以上基于信任关系的推荐系统均假设用户的偏好和他们信任的朋友具有相似性，而另外一类基于社交网络朋友关系的社会化推荐系统认为真实世界的朋友关系是多种多样的，考虑不同朋友对用户影响的差异性十分重要。例如，soReg[58]推荐系统通过用户和朋友之间的相似度大小来度量这种差异性，并在目标函数中引入基于整体加权和基于个体的两种正则项(regularization)，一定程度上提高了社会化推荐的质量。Yuan、Chen 和 Zhao[59]考虑用户之间朋友关系和用户与社区的隶属关系这二者的差异性，分别用正则项和因子化(factorization)两种方案对两类关系建模，提出了基于联合矩阵分解的推荐模型。整体来说，以上社会化推荐研究均同时考虑所有朋友的影响，而 Yang、Steck 和 Liu[60]认为用户选择不同类型物品时受不同类型朋友的影响，例如用户购买汽车时可能会征求懂汽车的朋友的建议，而购买衣服时可能更多地征求家人、朋友的建议，从而在推荐中考虑物品类别的限制以区分不同朋友的影响。

朋友影响的差异性也是本研究考虑的重点。与 Yang、Steck 和 Liu[60]不同的是，笔者不从物品类别的角度硬性区分朋友的影响，即将朋友是否购买过有关类别的物品作为是否影响用户购买该类物品的区分标准，而是从用户朋友圈的角度对朋友影响的差异性进行建模，考虑用户的不同朋友圈可能具有不同的兴趣，从而对用户的选择行为施加不同的影响。不仅如此，本研究试图从心理学的角度挖掘用户的从众心理，同时考虑用户个性和从众心理的影响进行用户行为建模，以提高推荐系统的质量和可解释性。

2.1.3 典型推荐应用

在介绍了有关推荐系统的方法研究之后，接下来回顾两类相关的推荐应用研究，即移动应用推荐和旅行套餐推荐。

2.1.3.1 移动应用推荐

移动应用是指安装在智能手机、平板电脑或其他移动设备上的软件应用程序，用来满足用户生活、工作和学习等方方面面的需求和偏好，如日历提醒、出行导航、社交通信、影音试听、新闻阅读、金融理财、教育学习，等等。面对应用平台上百万级别的应用量，如何开发有效的移动应用推荐系统，帮助用户在海量级别的应用中找到自己喜欢的应用变得尤为重要。稀疏性和长尾分布是应用推荐中普遍存在的两个问题[61]。为此，Shi 和 Ali[61]利用用户的应用使用行为信息，提出基于主成分分析的应用推荐系统 Eigenapp，在低维空间利用邻域信息进行推荐，提高了推荐的精度和多样性，也说明了降维对于处理长尾分布推荐问题的重要性。Yin、Luo、Lee 等人[62]利用用户浏览和下载应用的行为信息，通过挖掘浏览的应用是否被用户下载，对应用的实际使用价值和诱导下载价值建模，并据此进行应用推荐。

为了进一步提高应用推荐的质量，近年来研究者们开始充分挖掘其他信息如应用隐私协议[63]、情境信息[64]等对于提高应用推荐质量的作用。例如，Zhu、Xiong、Ge等人[63]和Liu、Kong、Cen等人[65]均利用应用的隐私协议，挖掘用户的隐私敏感性和推荐应用隐私条款之间的匹配程度来生成应用推荐列表；Karatzoglou、Baltrunas、Church等人[64]考虑地点、时间、天气等情境信息对用户应用下载行为的影响，提出基于张量分解的应用推荐模型；还有Lin、Sugiyama、Kan等人[66]利用Twitter上各应用官方账号上的关注者信息来解决新应用推荐的冷启动问题。该研究采用LDA的思路，将应用表示成文档，应用关注者视为文档中的词，从而得到应用的特征向量和偏好不同应用的潜在用户分组，据此进行应用推荐并在一定程度上解决了冷启动的问题。

与已有的研究致力于充分挖掘各类额外信息来提高应用推荐的质量不同，本研究试图从用户心理的角度，挖掘应用下载决策中的特定心理因素（如探索心理和涉入心理）的影响，以此加深对用户行为的理解，并提高应用推荐的质量和可解释性。

2.1.3.2 旅行套餐推荐

旅行套餐是指由旅行社设计的包含旅游时间、旅游地点、费用、行程和食宿安排的组合旅游商品[51,52,67]，例如“北京人文历史七日游”“三亚双飞纯玩五日游”等。与传统的电影、书本推荐不同，旅行套餐推荐有其自身的特点，包括隐式反馈、数据极度稀疏、旅行套餐受季节影响容易过时、具有较高的时间和经济成本等[67]。考虑到这些特点，研究者们充分挖掘用户历史旅行记录和旅行套餐的地点、季节、费用等特征信息设计了一系列推荐模型来解决旅行套餐推荐的问题。例如，Liu、Ge、Li等人[67]考虑旅行套餐的时空相关性，即旅行套餐的景点选择需要考虑季节和地点的限制，提出了Tourist-Season-Area话题模型挖掘旅行者的个人兴趣分布，然后基于协同过滤的思路给用户推荐相似的用户可能喜欢的旅行套餐。而Ge、Liu、Xiong等人[53]考虑旅行的价格成本的影响，在概率矩阵分解模型（PMF）中引入用户成本偏好的因子建模，进行旅行套餐的推荐。上述两个研究都仅考虑某个因素对旅行套餐推荐的影响，如时空相关性[67]或成本敏感性[53]，而 Tan、Liu、Chen 等人[51]尝试提出一个整体的推荐框架，考虑用户的个人特征（如性别、年龄等）和旅行套餐特征（如季节、费用等）的相关关系，挖掘什么样的用户喜欢什么类型的旅游产品，并基于面向对象的思路提出了个性化的旅游推荐系统 OTM-ORS。该研究发现，人们对于旅行产品的价格偏好与年龄和性别等人口学特征有关。例如年轻人更喜欢相对便宜的旅游产品，而中年人更喜欢高端奢侈的旅游产品，这可能与个人收入随着年龄的增长有关[51]。

与已有的旅行套餐推荐研究集中考虑旅行套餐的某些特点不同，本研究致力于引入朋友关系信息，研究社会关系对人们旅行活动的影响，以此改善旅行推荐的质量。有关旅行决策的研究广泛证明，朋友、家人或社会环境是影响旅行者决策的重要因素[68-71]。从这个角度来说，本研究属于社会化推荐的范畴。然而，与传统社会化推荐研究的区别在于本研究重点考虑用户不同朋友圈对其旅行活动影响的差异性。这一点也被 Murphy、Mascardo 和 Benckendorff[72]的研究验证，其研究指出家人、朋友和其他人对于影响用户旅行活动的选择存在差异性，例如从家人和朋友处获得建议的旅行者在旅行途中往往会拜访家人、朋友，而从其他旅行者处获取建议的旅行者旅行活动则更为多样化。这些实证研究的结果都为在旅行套餐推荐中区分社会关系的差异化影响提供了有力的支撑。

2.2　相关心理学理论

当前心理学研究存在认知心理学和行为心理学两大主要流派。认知心理学关注人类的认知过程，如记忆、知觉、思维、言语等，研究大脑如何收集、加工、处理和转换信息。该部分与本研究关系较小，不再赘述。而行为心理学关注人的行为，试图理解人类行为的产生机制和相应模式，以期达到预测行为的目的。本书所涉及的探索、从众和涉入三种心理和行为机制都属于行为心理学的研究范畴。本节将对探索理论、涉入理论和从众理论相关的研究逐一进行介绍。

2.2.1　探索理论

有关探索心理和行为的研究由来已久，涉及动物行为学、心理学、认知学、营销学等众多领域。初期，在动物行为研究领域，探索被定义为具有特定目标导向的欲求行为（如寻觅食物或筑巢材料）或者不熟悉环境中有关领地或生活资料的反复探查活动①。可见,有关探索行为的定义强调目标导向(goal-oriented)和环境的不熟悉性(unfamiliar)两个要素。后期,探索行为的研究成为消费者行为研究领域的一大关注点,将其称为探索性消费行为(exploratory consumer behavior),这是与本研究相关性最大的探索行为研究。

探索性消费行为呈现多样化追求、风险偏好和好奇驱动三方面特点[73,74]。多样化追求(variety seeking)指消费者喜欢在不同的物品之间变换选择而获得刺激。风险承担(risk taking)指消费者呈现出在购买时通过选择不常见或未知的商品而承担风险的偏好。而好奇驱动则是指出于内在的对知识和信息的渴望而出现的反复探求行为[73]。与前两种多样化追求和风险承担偏好多出现在商品获取环节中以满足感官刺激不同,好奇驱动的探索行为主要是为了满足认知刺激的需求[75]。

对消费者探索行为机制的经典解释基于心理学领域的最佳刺激水平理论(optimum stimulation level theory)。该理论认为人们都存在一定的最佳刺激水平,且最佳刺激水平因人而异;个体通过不断地寻找外界刺激物来满足内在的最佳刺激水平,从而产生了多样化探索行为[76]。研究表明,探索倾向的个体差异与个体人格特质(如对模糊性的容忍度、内在激励价值)和人口学变量(如年龄、性别、工作地位、收入和教育水平)有关[73,76,77]。与最佳刺激水平理论相关的另一概念是刺激物的唤起潜力(arousal potential),只有那些具有模糊性、不确定性、不可预见性这类特性的刺激物具有唤起个体探索行为的潜力[78]。根据Berlyne[78]的研究,探索行为的发生取决于个体内在的最佳刺激水平和刺激物引发的真实刺激水平的差异。当刺激物引发的真实刺激水平低于个体的最佳刺激水平时,个体会通过继续寻找外界刺激物来达到最佳刺激水平,从而引发探索行为。已有研究提出了一系列测量个体最佳激励水平的指标,如唤起寻求倾向[79]、变化寻求指数[80]、感觉寻求指标[81]等。基于这些指标测度的实证研究广泛论证了最佳激励水平能较好地衡量个体的探索倾向,个体激励水平高的人更喜欢寻求多样化,有更强的风险偏好和好奇心。

可见,已有关于探索的研究主要关注探索行为发生的内在机制的理论解释,并提出多种指标基于问卷调查的方式进行实证检验。然而,问卷调查这种自报告的方式往往容易受记忆偏差等主观错误的影响,而且需要付出

① 参见 http://www.encyclopedia.com/doc/1O8-exploratorybehaviour.html。

高昂的数据收集的人力成本和金钱成本。相较而言，本研究完全基于数据驱动的方式，从用户行为数据中识别用户探索倾向。这种全新的数据驱动的研究方式避免了可能的主观错误和实验成本代价的影响，也使得在更大层面（如十万、百万规模）分析用户的探索行为成为可能，这种规模是问卷调查难以覆盖到的。更重要的是，本研究尝试把探索心理的挖掘和推荐系统的设计融合起来，并通过考虑个体探索倾向的差异、挖掘探索行为模式来提高推荐系统的水平。这既为推荐系统的研究提供了一个全新的视角，也展示了探索理论研究在个性化推荐和精准营销领域的价值所在。

2.2.2　涉入理论

根据涉入理论，涉入指消费者内在感知的产品类型的重要性，与消费者内在的需求、兴趣和价值取向有关[23]。不同产品类型引起用户内心唤起水平的程度不同，可以分为高涉入消费行为和低涉入消费行为两种[82]。尽管用户内在的涉入水平是不可观测的，但它反映在外在的消费行为中[83,84]。具体来说，消费者对一个商品类涉入度高时，会主动地搜索和收集有关该类商品的信息，深入分析和处理收集到的信息，仔细比较该类不同商品间的异同，并最终做出选择。与之不同，当消费者对一个商品类涉入度低时，会很快地做出购买决策，而不需要事先较多的浏览和比较。例如，在网上购物时，当消费者涉入度高时，会有更强的意向与购物网站产生交互[85]，高度关注商品评论的质量[86]，且更喜欢和商品本身相关而非动画式的网站设计[87]。此外，已有的研究还广泛验证了消费者涉入度和信息搜索投入之间的正相关关系[23,88,89]。例如，一个消费者对一个商品类有高涉入度时，会倾向于在该类商品的不同品牌间进行比较[90,91]，在购买前向其他人征求意见[91]。不仅如此，这种正向的相关关系还随着商品娱乐价值的增加而增强，这是因为搜索这类商品的信息本来就给人一种愉悦的体验，并将进一步增强用户对该类商品的内在渴望，因而激发更多的信息搜索行为[93]。

在涉入理论的行为学派看来，信息搜索投入（information search effort）也被用来作为定义和衡量涉入度的一种方式[94]。依据这种观点，涉入度被定义为在信息搜索和商品获取过程中投入的时间和精力的多少[95]。广泛的信息搜索意味着高涉入度，而有限的信息搜索则意味着低涉入度[95]。在移动应用下载情境中，用户应用下载决策前的信息搜索行为体现为用户在平台上的浏览行为。通过浏览和阅读应用的描述信息，如功能介绍、界面截图、下载次数、语言、评分和评论等，用户能够捕捉到同类应用之间的异同,并决定选择哪个应用进行下载。这类浏览行为的强度反映了用户在下载移动应用之前信息搜索的程度,因而也反映了用户对于移动应用的涉入度高低。可见,行为涉入理论[94,95]更进一步验证了涉入度和信息搜索程度之间的正相关关系。

消费行为的涉入度高低一定程度上受商品特点的影响,如商品耐用性、价格、复杂度、娱乐价值、情感吸引和象征价值[23,96,97]。例如,高价耐用品(比如电子产品、家具和汽车)通常是高涉入商品的典型例子,因为该类商品购买失策往往意味着高额的经济损失和长期的负面影响[23,92,97]。相比之下,低价消耗品(例如日用品、速溶咖啡、音乐 CD 等)则是低涉入商品的典型代表[23,98]。对于这类商品而言,错误的购买决策所带来的损失较低,也不会产生长久的影响。此外,复杂度高的商品,即商品性能相关的维度较多时,更有可能导致高涉入度,因为消费者需要花费较多的时间和精力对各个维度逐一获取信息并进行比较[96]。而且,具有高娱乐价值和情感吸引的商品,比如旅行套餐和香槟,通常被认为是高涉入商品[99]。除此之外,具有高象征价值、能够代表消费者自我形象和身份地位的商品(如衣服和手表)也被视为高涉入商品[23,100]。简而言之,因为商品的内在特点,有的商品类被视为高涉入商品,而有的商品被视为低涉入商品。在移动应用下载情境中,复杂度高的应用通常引发涉入度高的下载决策,这主要是因为该类应用的下载有更高的风险和不确定性[96]。此外,游戏应用相对于功能应用而言,通常有更高的娱乐价值和情感吸引;因而,前者通常比后者更容易引发高涉入度的下载行为。

总而言之,涉入理论认为不同商品品类能够引发消费者不同程度的涉入,而不同的涉入度又会导致不同的消费行为。根据涉入理论,在应用下载情境中,当用户对一个高涉入应用类感兴趣时,会在下载前更多地在该类应用间进行浏览、比较和选择,而当用户对一个低涉入应用类感兴趣时,则在下载前几乎没有或很少有浏览比较行为。因而,用户在不同的应用下载决策中会呈现出不同的涉入度,并相应表现出不同的浏览行为。本研究着重考虑涉入度高低对用户行为决策的影响,基于涉入理论进行推荐方法设计,这也是本研究的主要创新点所在。特别的,本书聚焦移动应用推荐这一场景,从用户下载应用前的浏览行为出发挖掘用户下载决策的涉入度高低,识别不同类别的移动应用涉入唤起能力的大小。这在提高推荐效果的同时,也给涉入理论的研究提供了新的实证分析结果,将其从传统商品购买领域推广到移动应用下载这类新型电子商务领域。

2.2.3 从众理论

从众指个体倾向于参照群体价值规范而改变其意见、态度和行为[55]。群体规范是被群体成员所分享并引导群体行为的潜在规则。从众既可能发生在小群体中，也可能发生在整个社会层面；既可能源于潜在的、未被意识到的社会影响，也可能迫于公开直接的社会压力；既可能发生在有他人存在的场合，也可能发生在个体单独相处的时候。

关于个体从众动机的研究由来已久。半个多世纪以前，Deutsch 和 Gerard[101]将从众动机分为信息驱动(informational motivation)和规范驱动(normative motivation)两种。具体来说，信息驱动是指在不确定性情况下出于准确获取信息和正确行动的目的而行动，规范驱动则是指为了得到社会成员的支持和认可而行动。后来的研究对此进行了进一步的验证和补充。值得一提的是基于自我分类理论(self-categorization theory)的解释，该理论从个体主观性角度解释了从众行为，并弥补了信息驱动和规范驱动的严格二分类解释可能带来的问题[55,102]。自我分类理论认为，人们会把自己和他人根据特定的社会属性分为不同的类别或群体，这些社会属性可以是性别、年龄、国籍、文化背景或者兴趣爱好。自我分类是动态的，依情境而定，在不同的情形下我们可能将自己归属为不同的社会类别或社会群体。例如，在公司我们可能属于员工，而在家庭中则扮演父母或子女的角色。不同的自我分类引导我们产生与之匹配的不同行为。当用户将自己归属于某个社会类别或群组时，会从心理上将自身视为相应类别的典范，因而会自觉地"去个性化"，即通过调整自己的行为以减小自身行为与群组内整体行为的差异，从而表现出与组内成员相似的行为、观点或态度[103,104]。可见，自我分类理论从个体主观性的角度解释了从众行为的产生动机，它既包括在不确定性条件下获取正确的信息和行为参照，也包括获得社会成员的支持和认可，还包括对维持积极的自我概念的支撑[55]。其中，信息的正确性和获得社会成员的支持和认可不是非此即彼的，而是相互关联的，因为符合社会规范的往往也是正确的。同时，自我分类理论强调"不确定性"的影响。只有当个体行为与其期望一致的群体(即与个体具有相同社会类别的群体)行为表现出差异时，个体面临的不确定性才最大，此时社会影响和从众行为也最为显著。相反，若个体并未把自己视为群体的一员，或是在隶属度较低的情况下，则群体规范对个体的影响较小，个体不会表现出明显的从众行为[102]。可见，自我分类理论为从众行为的产生动机提供了较为合理且全面的理论解释。

影响个体从众倾向强弱的因素涉及群体因素(如群体规模、群体一致性、群体凝聚力)、个体因素(如知识经验、个性特征、性别差异、文化背景差异)和情境特点(如刺激物的性质、时间因素等)三个方面。例如,关于群体影响因素的研究[103,105]指出,一般情况下群体的一致性水平越高,从众比率越高;群体的凝聚力越强,即群体成员越是相互依赖,对群体规范和标准的从众倾向也越强。个体因素影响层面,普遍研究认为女性较之男性有更强的从众倾向[105-107];而文化差异对从众行为的影响也确实存在,例如在中国、中东、挪威这样的集体主义国家,比美国和法国那样的个体主义国家里更容易出现个体的从众行为,因为在集体主义文化中从众是一种受人尊重的积极品质,而在个体主义文化中从众则更多地被视为一种负面品质[108]。此外,刺激物的性质等情境因素也会影响从众行为。例如,任务难度会影响从众行为,任务难度越大越容易发生从众行为,而且通常人们在模棱两可和不确定性高的情境中做判断更容易做出从众反应[102]。

有关消费者研究的领域将从众心理视为消费者的典型心理特质之一,并进行了广泛而深入的研究[109-115]。对应到消费情境中,消费者从众被定义为消费者因为受参照群体或个体的评价、意图或购买行为的影响而出现的自身对产品评价、购买意图和购买行为的改变[109]。影响消费者从众倾向强弱的因素包括个体因素(如年龄、性别、文化背景)、群体因素(群体规模、群体一致性、群体凝聚力)、品牌特点(品牌差异性、奢侈程度等)和情境特点(任务难度、不确定性等)几个方面。考虑消费者从众心理的影响因素也给营销策略的制定提供了启示。例如,年轻的消费者有很强的被同伴接纳和认可的倾向,因而在该群体中利用从众影响进行社会营销成功概率较大。另外,人们更容易对专业水平较高的人表现出从众倾向,因而广告营销往往利用这一点提高影响力。近年来,消费者从众心理的研究开始关注虚拟社区和网上购物环节[110,112]。例如,Park 和 Feinberg[110]探究了在虚拟社区中消费者从众行为的驱动因素,发现规范驱动的从众行为更多地受消费者内在特点的影响,而信息驱动的从众行为更多地由外在社区特点决定。消费者内在特点指消费者的内在从众动机,与消费者的自我尊重水平负相关,而与消费者卷入产品或服务的程度正相关。也就是说,消费者自我尊重水平越低,卷入产品或服务程度越高,规范驱动的从众倾向越高。而外在社区特点指社区的可信任程度,与消费者的归属感和社区的专业水准均呈现正相关。即消费者对虚拟社区的归属感越高,或社区的专业程度越高,消费者信息驱动的从众倾向越高[110]。Chen[112]研究了在线图书购买情境中的消费者从众心理，发现图书的星级评价和销售量对消费者的购买决策有显著影响；相比于专家的推荐，消费者更容易受其他消费者推荐的影响。这些研究都说明了从众心理在购买决策中的重要作用，也从某个侧面说明了在推荐系统设计中考虑从众心理的影响有望提高推荐系统的质量。

总体来说，有关从众心理的理论研究广泛证实了从众心理的重要影响以及从众心理的个体差异性。用户行为受从众心理的影响，会表现出与其参照群体相一致的现象，这在社会化推荐研究中已得到广泛证实。考虑到这一点，已有的社会化推荐研究大多假设用户行为和朋友行为之间的相似性，一致地考虑所有朋友的影响。然而，这一假设的问题在于，现实世界中用户的朋友圈往往多种多样，不同朋友圈对用户行为存在着不同的影响。事实上，这与从众理论中的动态分类观点是一致的；自我分类是动态的，依情境而定，在不同的情形下我们可能将自己归属为不同的社会类别或社会群体，从而受不同参照群体的影响。因而，笔者在设计社会化推荐方法时，基于从众理论的动态分类观点，提出自动划分朋友圈的推荐模型。这种同时考虑从众的“相似性”和“差异性”的推荐方法，显著提高了推荐质量，也给社会化推荐研究提供了新的启示。

第3章　考虑探索的推荐[①]

3.1　引　　言

在人们的日常生活中，探索心理的影响无处不在。比如，当人们搬到一个新的地方，往往喜欢四处转转，看看附近都有些什么；又比如，科研工作者做研究的时候遇到新的问题，往往会借助搜索引擎反复检索相关信息以寻求答案；再比如，女性在购买护肤品的时候，通常会尝试不同的品牌以寻求最适合自身肤质的产品。这些发生在不熟悉的领域或环境中的反复探求行为统称为探索行为[②]。探索行为或者出于好奇心的驱动以搜集信息和知识，或者是为了尝试不同的商品或服务，寻求多样化。考虑到推荐问题的实质就是用户的行为预测问题，那么用户行为选择是否受探索心理的影响？是否能通过考虑探索心理来提升个性化推荐的效果？

观察发现，用户移动应用下载序列也表现出多样化的探索行为。表3.1展示了某用户从2015年1月3日到2015年6月19日的应用下载序列。该数据来源于360手机助手应用下载平台，360手机助手是国内著名的针对安卓智能手机用户的移动应用下载平台。从该用户的下载行为数据可以发现，该用户首先在1月份下载了十分流行的社交通信应用“微信”；接着，在4月份连续下载了3个关于手机KTV的应用；后来，在6月份又连续下载了4个消除类游戏应用。可以看出，用户在不同的时间段内往往有不同的需求（或目标），且针对这些目标，该用户常常连续下载多个功能相似的不同应用。这种用户在应用下载过程中寻求多样化的行为，就是心理学上所说的探索行为。

---

① 本章内容已发表于 HE Jiangning and LIU Hongyan. Mining Exploratory Behavior to Improve Mobile App Recommendations[J]. ACM Transactions on Information Systems. 2017, 35(4), article 32。

② 为了便于理解，此处从行为角度给出探索的定义。探索行为的发生受内在心理机制（最佳刺激水平）的影响，是探索心理的外在行为表现。本书中会交替使用探索行为和探索心理两种表述。

表3.1 某用户的应用下载行为序列

下载时间	应用名称	所属类别
2015-01-03	微信	社交通信
2015-04-04	唱吧	影音视听
2015-04-08	酷我 KTV	影音视听
2015-04-09	大众 KTV	影音视听
2015-06-18	糖果消消乐	休闲游戏
2015-06-18	冰雪消消乐	休闲游戏
2015-06-19	气球消消乐	休闲游戏
2015-06-19	钻石消消乐	休闲游戏

有关探索行为的研究由来已久,由上可追溯至动物行为研究领域,其将动物的探索行为定义为反复探寻的觅食行为或不熟悉领地上的探求行为,后来又发展到消费者研究领域,发现探索性消费行为具有追求多样性、风险偏好和好奇驱动的特点[75]。心理学的研究援引最佳刺激水平理论(optimum stimulation level theory)解释了探索行为的发生机制。该理论认为,个体都有一定的最佳刺激水平且存在个体差异性。而外在刺激物往往有一定的唤起刺激的能力,尤其是那些具备不确定性、模糊性、不可预见性等特点的刺激物[76]。个体通过寻求外界刺激物来达到内在的刺激水平,如果外在刺激物的唤起能力低于个体内在的最佳刺激水平,则个体会继续寻找其他刺激物以达到最佳水平,这就产生了所谓的探索行为[76,78]。

本研究尝试考虑用户的探索行为来提高移动应用推荐的效果。之所以选择移动应用推荐的场合,主要是因为移动应用自身的几个特点导致应用下载行为较容易受探索心理的影响。首先,移动应用通常都是免费的,因而下载多个应用不会增加金钱成本,也就不会因为成本的因素而限制应用下载过程中探索行为的发生;其次,用户下载应用往往为实现某一特定的目标,这些目标可能来源于用户的兴趣或者需求。如果当前目标没有被满足,那么用户可能继续下载其他相关的应用以满足目标。这种针对特定目标连续下载多个功能相似的应用的行为,称为特定目标导向的探索行为(goal-oriented exploratory behavior);最后,移动应用通常具有模糊性和不确定性的特点,在下载使用之前,应用的功用性或用户体验的好坏往往不能确定,因而只有通过下载后使用尝试,用户才能真切地了解应用。这些特点使得移动应用通常具有较强的唤起潜力,容易诱发用户探索行为的发生。

接着,本研究从探索理论出发,再次对表3.1中用户的下载行为进行解读。可以发现，用户开始有社交通信的目标，并下载了一个微信应用。因为微信是十分流行的社交通信应用，不具有模糊性或不可预见性的特点，因而也没有激发相应的探索行为。用户又相继产生了唱手机 KTV 和玩消除类游戏的目标，并分别下载了 3 个和 4 个相应的应用。鉴于这两个目标更具娱乐性，且涉及的应用更为丰富多样，因而用户连续下载了多个相似的不同的应用，表现出特定目标下的探索行为。

结合手机应用的特点和应用下载行为的示例可以发现，用户通常有不同的目标，一些目标可以通过下载某个特定的应用来实现，而另一些则需要探索式地连续下载多个功能相似的应用。那么，如果知道用户当前的目标且该用户具有强烈的探索倾向，那么给他推荐多个当前目标下对应的应用更有可能满足用户的需求，使用户达到最佳刺激水平。相反，如果用户的探索倾向较低，那么更应该根据用户的偏好推荐不同目标下的应用。可见，识别用户的探索倾向和探索行为模式，有望提高推荐系统的质量。然而，这实现起来却并非易事。第一，不同用户有不同的探索倾向，不同的应用也有不同的唤起潜力。已有的关于探索行为的研究集中于从理论的角度解释探索行为的发生机制，采用问卷调查和心理学实验的方法进行实证检验，缺乏系统的从真实行为数据集识别用户探索倾向和物品唤起潜力的方法。第二，用户的偏好或目标是动态变化的。有时在几秒钟、几分钟或者几小时之内已经转换了多个目标，也有可能在较长一段时间内都维持在同一个目标。因而很难预测一个目标的持续时间和目标的演变模式。第三，用户的应用下载行为数据十分稀疏，且呈现长尾分布，这在应用推荐的研究中已得到广泛验证[61,66]。著名分析公司 ComScore 的移动应用报告①中也指出，超过三分之二的用户平均每个月都没有应用下载行为，在有应用下载的用户中，大部分用户平均每个月只下载 1～3 个应用。应用数据集的极度稀疏性大大增加了从数据中分析应用下载行为模式和进行个性化推荐的难度。第四，移动应用的描述信息通常很有限且充满噪声。例如，应用的名称往往比较模糊抽象，应用分类也往往不够精细或存在交叉，应用标签更是常常充斥着噪声。这些问题都给研究工作带来巨大的挑战。

本章致力于提出一个智能化的推荐方法，通过挖掘应用下载过程中的探索心理和行为模式来提高个性化应用推荐的质量。为此，需要解决以下三个问题。其一，如何根据用户的下载行为序列和应用信息来进行探索心

---

① 参见 http://qz.com/253618/most-smartphone-users-download-zero-apps-per-month/。

理的识别,并区分不同用户的探索倾向;其二,如何识别不同用户的目标偏好和下载应用时的潜在目标;其三,如何将用户的探索心理和应用下载行为建立联系,从而提高个性化推荐的质量。

为了解决这些问题,笔者提出特定目标下的探索行为模型(goal-oriented exploratory model,GEM),考虑特定目标导向下的探索行为来提高推荐的效果。该模型分为两个部分,一部分利用高斯混合模型进行探索行为识别,另一部分基于 LDA 话题模型进行应用下载行为的建模。该模型成功地考虑探索心理的影响来监督用户选择行为中目标的生成,并对用户的下载行为机制建模,从而将探索行为识别和用户行为建模统一起来,更好地预测了用户行为和提高个性化推荐的效果。

总结来说,本章研究的贡献体现在以下四个方面。

第一,本研究是首次从考虑用户探索心理的角度进行移动应用推荐系统的设计,而且与已有的实证研究不同,提出了一种完全数据驱动的方法,从大数据出发挖掘个体的探索倾向差异。

第二,本章提出一个新颖的概率生成模型 GEM,将探索行为识别和用户行为建模统一起来,并通过考虑探索心理的影响提升个性化推荐的效果,而且还提出了结合 EM 和吉布斯采样的参数学习算法。

第三,笔者采用真实的应用下载数据集进行实验评估和模型比较。实验结果表明,本研究提出的推荐方法明显优于已有的经典推荐方法,展现了考虑探索心理对于移动应用推荐的重要意义。

第四,从目标、用户和应用三个层面进行了探索倾向的实证分析。分析发现,探索倾向高的用户更喜欢追求多样化和承担风险,且展示出更高的参与度。此外,冷门应用和评分低的应用具有更高的唤起潜力,而且应用类别也是一个影响唤起潜力的重要指标。这些发现都给应用平台的营销和管理实践提供了有用的启示。

3.2　问题定义

本节首先对相关概念进行解释,然后分别就探索行为识别和个性化推荐两个任务给出定义。

给定用户集合 $U=\{u_1,u_2,\cdots,u_M\}$和物品集合 $I=\{i_1,i_2,\cdots,i_V\}$,其中 M 表示用户数,V 表示物品数。每一个物品都包含一定的文本描述信息,如名称、种类、标签等。在线商业平台上积累了大量的用户行为日志,每一条由用户、物品、行为类型和时间构成，表示用户在某个特定时间对某个物品实施了某种行为。这些行为可以是商品购买、地点签到或者应用下载行为。为简单起见，本章统一将用户对某物品实施某种特定行为说成用户选择了某物品。基于行为日志，可以为每个用户抽取选择序列，如定义 3.1 所示。给定用户的选择序列以及物品的文本信息，就可以构建相似度序列，如定义 3.2 所示。

定义 3.1(选择序列)：一个用户的选择序列由该用户选择过的物品构成且按照被用户选择的时间先后顺序依次排列。正式地，用户 u_m 的选择序列可以记为 $I_m = \langle i_{m,1}, \cdots, i_{m,n}, \cdots, i_{m,N_m} \rangle (1 \leqslant n \leqslant N_m)$，其中 N_m 等于用户 u_m 选择序列包含的物品数，$i_{m,n}$ 表示用户选择的第 n 个物品。

定义 3.2(相似度序列)：给定用户 u_m 的选择序列 $I_m = \langle i_{m,1}, \cdots, i_{m,n}, \cdots, i_{m,N_m} \rangle$，则该选择序列对应的相似度序列可以记为 $S_m = \langle s_{m,1}, \cdots, s_{m,n}, \cdots, s_{m,N_m} \rangle (1 \leqslant n \leqslant N_m)$，其中 $s_{m,n} (n \geqslant 2)$ 表示相邻两个物品 $i_{m,n}$ 和 $i_{m,n-1}$ 的相似度，$s_{m,1}$ 默认的设置为 0。

相似度的具体计算方法在 3.3.2 节中有具体介绍。相似度序列给探索行为的识别提供了重要的信息。已有文献表明，探索行为指的是一种个体在不熟悉环境中不断寻求多样化的行为。相应地，在移动应用下载中，探索行为表现为用户连续下载多个功能相似的不同应用以实现某个特定目标。如表 3.1 所示，用户连续下载了四个类似的应用，包括“糖果消消乐”“冰雪消消乐”“气球消消乐”“钻石消消乐”，以实现玩消除类游戏的目标。本研究将这类针对某个特定目标的探索行为称为特定目标导向的探索行为(goal-oriented exploratory behavior)，具体定义如下。

定义 3.3(特定目标导向的探索行为)：特定目标导向的探索行为指的是用户在一段时间内连续选择功能相似的某些物品，以实现某个特定目标。正式地，给定一个用户的选择序列 $I_m = \langle i_{m,1}, \cdots, i_{m,n}, \cdots, i_{m,N_m} \rangle$，若在某个时间段内连续下载的应用 $\langle i_{m,s}, \cdots, i_{m,n}, \cdots, i_{m,t} \rangle (s \geqslant 1, s \leqslant n \leqslant t, t \leqslant N_m)$ 都具有相似的功能且针对某个共同的目标，则可以说这一连串物品 $i_{m,n} (s \leqslant n \leqslant t)$ 的选择过程伴随着特定目标导向的探索行为。

基于以上的概念，接下来正式定义本研究中的两个挖掘任务，包括探索行为识别和个性化推荐。

定义 3.4(探索行为识别)：给定所有用户的选择序列 $\{I_m : u_m \in U\}$ 和相应的相似度序列 $\{S_m : u_m \in U\}$，探索行为识别就是要识别用户选择序列 I_u 中选择的每一个物品是否属于特定目标导向的探索行为。

定义 3.5（个性化推荐）：给定所有用户的选择序列 $\bigcup_{m=1}^{M} I_m$ 和相应的相似度序列 $\bigcup_{m=1}^{M} S_m$，个性化推荐就是要对每个用户生成满足该用户偏好的 Top-N 推荐列表。

事实上，这两个挖掘任务是相关且互补的，因而在本章统一进行研究。首先，探索行为的识别有望提高个性化推荐的质量，这主要是因为在给用户进行个性化推荐时，考虑不同用户的探索倾向和探索模式十分重要。比如，对于探索倾向高、喜欢探索的用户，更有必要连续推荐功能相似的物品，以便达到用户的最佳刺激水平；而对于探索倾向低的用户，则推荐不同功能的应用更为合理。此外，进行探索行为识别和个性化推荐都需要识别用户选择物品时的潜在目标。因而，有望提出统一的模型，同时解决探索行为识别和个性化推荐两个问题。

3.3 GEM 模型

GEM 模型是考虑特定目标导向下探索行为的推荐模型。接下来依次介绍 GEM 模型的设计、相似度计算、模型推导和复杂度分析四个方面。

3.3.1 模型设计

为了同时解决探索行为识别和个性化推荐两个问题，本研究提出统一的概率生成模型 GEM，模型的设计考虑到以下三个方面。

首先，模型需要识别用户选择序列中的探索行为和用户的探索倾向。根据定义 3.3，探索行为指用户连续选择多个功能相似的物品以实现某个特定目标，而相似度序列可以衡量用户相邻选择的物品之间的相似度，能为探索行为的识别提供重要信息。具体来说，模型运用一个隐变量来指示每一次选择行为对应的探索状态，并利用相似度序列的信息来监督该隐变量的取值。相似度序列的建模选用混合高斯模型，主要考虑到混合高斯模型在拟合连续分布数据上有优势。同时，为每个用户设置一个探索倾向分布来区分不同用户探索倾向的差异[78]。

其次，模型需要捕捉用户的目标偏好。考虑到用户选择物品通常基于特定的目标，模型将用户的偏好表达成目标空间的多项分布，并将目标表示为物品空间的多项分布。这与 LDA 的建模思想类似，LDA 模型起源于文本分析领域,现在已被广泛应用到推荐系统研究中[43,45,67],尤其是基于隐式反馈数据的推荐场合,这主要是因为 LDA 模型仅需输入用户行为观测数据且能在低维话题空间表征用户兴趣。本研究中模型的设计与 LDA 模型的基本思想一致,将物品按目标进行聚类并识别每个用户的目标分布。考虑到数据集中并不包含可观测的目标,模型采用一个隐变量来表征用户每一个物品选择行为所对应的潜在目标。模型假设用户的选择机制是首先确定特定的目标,然后基于目标选择特定物品。通过这个模型,可以得到每个用户的目标分布以及每个目标在物品空间上的概率分布,这些都为个性化推荐提供了重要信息。

最后,借助一条目标生成规则,将混合高斯模型和话题模型整合起来。这条目标生成规则是:如果用户处于探索状态,那么当前选择物品的目标就与前一个选择物品的目标一致;否则,根据用户的目标分布生成当前的目标。为此,借助隐马尔科夫模型(HMM)[116]中的马尔科夫依赖关系将前后两个物品选择行为联系起来,也将话题模型和混合高斯模型统一到一个模型中,以同时解决探索行为识别和个性化推荐两个问题。

基于以上三点考虑,提出 GEM 模型。接下来详细介绍 GEM 模型的生成过程,包括相似度序列的生成和选择序列的生成两个部分。GEM 模型的概率图如图 3.1 所示,符号含义如表 3.2 所示①。

表 3.2 GEM 模型符号及含义

符号	含 义
G	目标数
N_m	第 m 个用户选择的物品数
i	用户当前选择的物品编号
s	用户当前选择的物品与上一个物品的相似度值
g	用户当前选择行为的目标
e	用户当前选择行为的探索状态
$\boldsymbol{\tau},\boldsymbol{\alpha},\boldsymbol{\beta}$	贝塔先验或者狄利克雷先验
$\boldsymbol{\lambda}_m$	用户 u_m 的探索倾向二项分布
$\boldsymbol{\theta}_m$	用户 u_m 的目标多项分布
$\boldsymbol{\varphi}_g$	目标 g 的物品多项分布
μ_e,σ_e	探索状态 e 所对应的高斯分布的均值和标准差

① 本书符号表达遵循当前文献的一般做法,用加粗小写字母表示一维向量,常规小写字母表示标量。

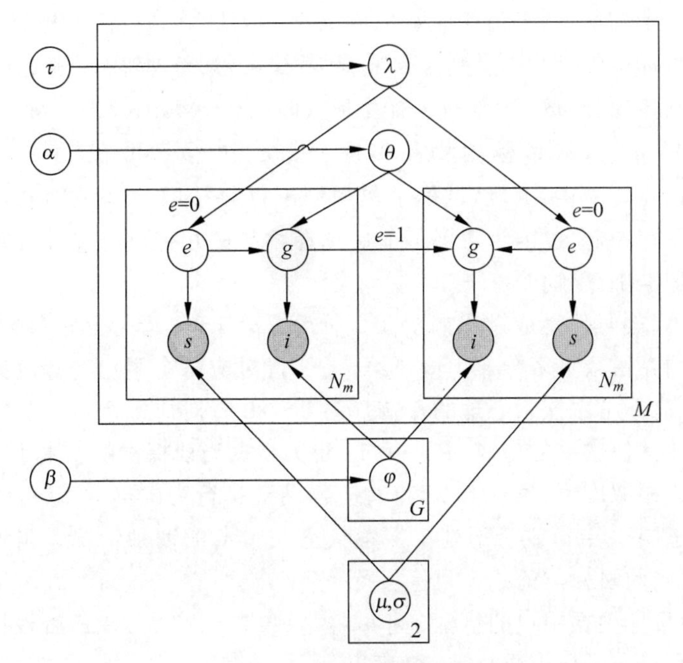

图 3.1　GEM 图模型

GEM 模型采用混合高斯分布对相似度序列的生成建模，以识别探索行为。鉴于不同的用户有不同程度的探索倾向，模型为每个用户设计一个探索倾向分布来对这种个体的差异建模，记用户 u_m 的探索倾向分布为$\boldsymbol{\lambda}_m=(\lambda_m^0,\lambda_m^1)$，其中 λ_m^1 表示用户 u_m 处于探索状态的概率，而 $\lambda_m^0(=1-\lambda_m^1)$表示用户处于非探索状态的概率。如图 3.1 所示，为了生成用户 u_m 相似度序列中的第 n 个相似度值，首先从用户的探索倾向分布$\boldsymbol{\lambda}_m$ 随机生成当前的探索状态 $e_{m,n}$。如果 $e_{m,n}=1$ 表示该用户当前物品选择行为是处于探索状态，如果 $e_{m,n}=0$ 则表示未处于探索状态。然后，基于当前的探索状态 $e_{m,n}$ 和相应的高斯分布参数$(u_{e_{m,n}},\sigma_{e_{m,n}})$，生成相似度值 $s_{m,n}$。可以预见，探索状态$(e=1)$对应的高斯分布均值 u_1 应大于非探索状态$(e=0)$对应的高斯分布均值 u_0，因为用户处于探索状态时倾向于下载相似的物品。这也说明，高斯混合分布能较好地利用相似度信息来发现探索状态这一隐变量的取值，实现探索行为的识别。

用户选择序列的生成与 LDA 的思路基本一致，即首先生成特定的目标，然后基于目标的物品多项分布产生特定的物品。唯一的区别在于 GEM 生成目标时需要根据探索状态的不同考虑两种可能性，即对于用户 u_m 选

择的第 n 个物品，如果当前探索状态 $e_{m,n}=1$，那么目标 $g_{m,n}$ 与前一个物品对应的目标一致，即 $g_{m,n}=g_{m,n-1}$；否则若 $e_{m,n}=0$，那么目标 $g_{m,n}$ 则从用户的目标多项分布 $\boldsymbol{\theta}_m$ 中随机采样生成，即 $g_{m,n}\sim \text{Multi}(\boldsymbol{\theta}_m)$。最后，基于当前的目标 $g_{m,n}$，从目标的物品多项分布 $\boldsymbol{\varphi}_{g_{m,n}}$ 生成物品 $i_{m,n}$，即 $i_{m,n}\sim \text{Multi}(\boldsymbol{\varphi}_{g_{m,n}})$。事实上，该目标生成规则不仅将探索行为识别和用户行为建模联系在一起，也因为考虑了前后选择物品的相似度信息而使得目标的推断更加准确高效。

GEM 的具体生成过程如图 3.2 所示。第 1～6 行是分布参数的生成，根据狄利克雷或贝塔分布生成。第 7～8 行对应每个用户选择的第一个物品的生成，不考虑探索心理的影响。第 9～20 行对应每个用户除第一个物品以外的其他物品的生成，其中第 11 行为根据当前探索状态基于高斯分布参数生成相似度值，第 12～18 行对应物品选择行为的生成，区分考虑处于探索状态（$e_{m,n}=1$）或者不处于探索状态（$e_{m,n}=0$）两种情况。当处于探索状态时，当前目标与前一个目标保持一致（12～14 行）；当不处于探索状态时，当前目标根据用户的目标分布采样生成（15～17 行）。最后根据当前目标的物品分布采样生成物品（18 行）。

GEM 生成过程描述

```
1   for 每一个目标 g=1,…,G do
2       生成 φ_g ~ Dirichlet(β)
3   end
4   for 每一个用户 m=1,…,M do
5       生成 λ_m ~ Beta(τ)
6       生成 θ_m ~ Dirichlet(α)
7       生成目标 g_{m,1} ~ Multi(θ_m)
8       生成物品编号 i_{m,1} ~ Multi(φ_{g_{m,1}})
9       for 用户 u_m 选择的第 n 个物品，其中 n∈{2,…,N_m} do
10          生成探索状态 e_{m,n} ~ Bernoulli(λ_m)
11          生成相似度值 s_{m,n} ~ N(μ_{e_{m,n}}, σ²_{e_{m,n}})
12          if e_{m,n}=1 then
13              设置 g_{m,n}=g_{m,n-1}
14          end
15          if e_{m,n}=0 then
16              生成 g_{m,n} ~ multi(θ_m)
17          end
18          生成物品编号 i_{m,n} ~ multi(φ_{g_{m,n}})
19      end
20  end
```

图 3.2 GEM 生成过程的算法描述

3.3.2　相似度计算

GEM模型基于相似度序列进行探索行为的识别，因而设计合理的相似度指标十分重要。相似度在推荐模型中被广泛采用，然而在不同的模型中有不同的含义。例如，在基于物品的协同过滤中，两个物品相似意味着被很多用户共同选择，因此定义了基于共同选择的相似度(simCo)，如公式(3.1)所示。其中，U_i 和 U_j 分别表示选择物品 i 和物品 j 的用户集合。

$$\text{simCo}(i,j)=\frac{|U_i \cap U_j|}{\sqrt{|U_i| * |U_j|}} \tag{3.1}$$

而在GEM中，相似的含义不仅在于被用户共同选择，还在于具有相似的功能以实现共同的目标。因而，笔者在simCo指标考虑共同选择的基础上，进一步结合物品的描述信息来衡量功能的相似度，提出了两种简单有效的相似度计算方法simCoC和simCoN，具体含义和计算方法如下。

SimCoC是基于共同选择且考虑相同类别限制的相似度。之所以考虑相同类别的限制，主要是因为类别通常是功能的重要反映。从表3.1可以看出，探索行为通常发生在属于相同类别的物品上，如“音乐”和“休闲游戏”。据此，给出simCoC的计算公式如公式(3.2)所示，其中 C_i 和 C_j 分别表示物品 i 和物品 j 对应的类别。可以看出，如果两个物品属于同一类别且被更多的用户共同选择，那么二者的simCoC相似度越大。

$$\text{simCoC}(i,j)=\begin{cases}\dfrac{|U_i \cap U_j|}{\sqrt{|U_i| * |U_j|}}, & C_i = C_j \\ 0, & C_i \neq C_j\end{cases} \tag{3.2}$$

simCoN是基于用户共同选择且考虑名称相似这一限制的相似度。之所以考虑名称相似的限制，主要是因为具有相似功能的物品往往名称也包含相同的字眼，例如表3.1中用户最后下载的四个应用名称中都包含“消消乐”。据此给出simCoN的定义如公式(3.3)所示。

$$\text{simCoN}(i,j)=\begin{cases}\dfrac{|U_i \cap U_j|}{\sqrt{|U_i| * |U_j|}}, & \text{sim}(N_i,N_j) \geqslant t \\ 0, & \text{否则}\end{cases} \tag{3.3}$$

其中，N_i 和 N_j 表示物品 i 和物品 j 的名称。物品名称的相似度 $\text{sim}(N_i,N_j)$ 等于两名称最大共同子串长度除以两名称的平均长度。比如，对于名称“开心消消乐”和“冰雪消消乐”，最大共同子串为“消消乐”，名称相似度为3/5。

在实验中，相似度阈值 t 被设置为 0.25。

3.3.3　参数学习

鉴于 GEM 模型无法求精确的闭合解，本研究基于最大似然度(maximum likelihood estimation)的原理，结合 EM(expectation maximization)算法和吉布斯采样(collapsed Gibbs sampling)对模型进行迭代求解。EM 算法[117]用来估计混合高斯分布的参数$\boldsymbol{\mu}$ 和$\boldsymbol{\sigma}$，吉布斯采样方法[118]采样隐变量 $\boldsymbol{e}$ 和 $\boldsymbol{g}$，最终根据采样的结果估计分布$\boldsymbol{\lambda}$，$\boldsymbol{\theta}$ 和$\boldsymbol{\varphi}$。下面给出模型推导的主要步骤，详细推导细节见附录 A。

首先，相似度序列的对数似然度 L 用下式计算：

$$L=\sum_{m=1}^{M}\sum_{n=2}^{N_m}\ln\sum_{e=0}^{1}\frac{\lambda_m^e}{\sqrt{2\pi\sigma_e^2}}\exp\left[-\frac{(s_{m,n}-\mu_e)^2}{2\sigma_e^2}\right] \tag{3.4}$$

为了最优化 L，在 E 步骤中估计 $q_{m,n}^e$，即每一个相似度值 $s_{m,n}$ 在 e 上的后验分布，如公式(3.5)所示。

$$q_{m,n}^e=\frac{\dfrac{\lambda_m^e}{\sqrt{2\pi\sigma_e^2}}\exp\left[-\dfrac{(s_{m,n}-\mu_e)^2}{2\sigma_e^2}\right]}{\displaystyle\sum_{e=0}^{1}\frac{\lambda_m^e}{\sqrt{2\pi\sigma_e^2}}\exp\left[-\frac{(s_{m,n}-\mu_e)^2}{2\sigma_e^2}\right]} \tag{3.5}$$

接着，在 M 步骤中，根据公式(3.6)和公式(3.7)更新高斯分布参数 μ_e 和 σ_e 的值。

$$\mu_e=\frac{\displaystyle\sum_{m=1}^{M}\sum_{n=2}^{N_m}q_{m,n}^e s_{m,n}}{\displaystyle\sum_{m=1}^{M}\sum_{n=2}^{N_m}q_{m,n}^e} \tag{3.6}$$

$$\sigma_e=\sqrt{\frac{\displaystyle\sum_{m=1}^{M}\sum_{n=2}^{N_m}q_{m,n}^e(s_{m,n}-\mu_e)^2}{\displaystyle\sum_{m=1}^{M}\sum_{n=2}^{N_m}q_{m,n}^e}} \tag{3.7}$$

接下来利用吉布斯采样方法迭代地就隐变量 $e_{m,n}$ 和 $g_{m,n}$ 采样。记 $p_{m,e,g,i}$ 表示整个数据集中用户 u_m 处于探索状态 e 时针对目标 g 选择物品 i 的次数。$e_{m,n}$ 的采样公式如公式(3.8)所示。

$$p(e_{m,n} \mid \boldsymbol{e}_{-(m,n)}, \boldsymbol{s}, \boldsymbol{g}, \boldsymbol{\tau}, \boldsymbol{\alpha}, \boldsymbol{\mu}, \boldsymbol{\sigma}) \propto$$

$$N(s_{m,n}; \mu_{e_{m,n}}, \sigma^2_{e_{m,n}}) \frac{\tau_{e_{m,n}} + p^{-(m,n)}_{m,e_{m,n},*,*}}{\tau_0 + \tau_1 + p^{-(m,n)}_{m,*,*,*}} \left(\frac{\alpha_{g_{m,n}} + p^{-(m,n)}_{m,0,g_{m,n},*}}{\sum_{g=1}^{G} \alpha_g + p^{-(m,n)}_{m,*,0,g,*}} \right)^{1-e_{m,n}} \times$$

$$\operatorname{ind}(g_{m,n} = g_{m,n-1})^{e_{m,n}} \tag{3.8}$$

其中，$N(s_{m,n}; \mu_{e_{m,n}}, \sigma^2_{e_{m,n}}) = \frac{1}{\sqrt{2\pi\sigma^2_{e_{m,n}}}} \exp\left[-\frac{(s_{m,n} - \mu_{e_{m,n}})^2}{2\sigma^2_{e_{m,n}}}\right]$，$\operatorname{ind}(g_{m,n} = g_{m,n-1})$为示性函数。如果 $g_{m,n} = g_{m,n-1}$，则 $\operatorname{ind}(g_{m,n} = g_{m,n-1}) = 1$；否则，$\operatorname{ind}(g_{m,n} = g_{m,n-1}) = 0$。

从 $e_{m,n}$ 的采样公式(3.8)可以发现，探索行为的识别综合考虑了三方面的信息，即连续选择的物品之间的相似度、用户的探索倾向和前后目标之间的一致性。这确保了探索行为的识别更加准确可靠，避免了单一信息源可能带来的干扰。

类似地，根据 $g_{m,n}$ 的后验分布进行采样，$g_{m,n}$ 的采样公式如式(3.9)所示。

$$p(g_{m,n} \mid \boldsymbol{g}_{-(m,n)}, \boldsymbol{e}, \boldsymbol{i}, \boldsymbol{\alpha}, \boldsymbol{\beta}) \propto$$

$$\left(\frac{\alpha_{g_{m,n}} + p^{-(m,n)}_{m,0,g_{m,n},*}}{\sum_{g=1}^{G} \alpha_g + p^{-(m,n)}_{m,*,0,g,*}} \right)^{1-e_{m,n}} \operatorname{ind}(g_{m,n} = g_{m,n-1})^{e_{m,n}} \times$$

$$\frac{\beta_{i_{m,n}} + p^{-(m,n)}_{*,*,g_{m,n},i_{m,n}}}{\sum_{i=1}^{V} \beta_i + p^{-(m,n)}_{*,*,g_{m,n},i}} \tag{3.9}$$

事实上，公式(3.9)可以等价地变换为公式(3.10)和公式(3.11)，这正与 GEM 模型的目标生成规则相一致：当处于探索状态时($e_{m,n} = 1$)，目标与前一个选择的目标保持一致($g_{m,n} = g_{m,n-1}$)，如公式(3.10)所示；否则，从用户的目标分布生成目标，如公式(3.11)所示，该式与 LDA 的话题采样公式类似。

$$p(g_{m,n} \mid e_{m,n} = 1, \cdots) = \operatorname{ind}(g_{m,n} = g_{m,n-1}) \tag{3.10}$$

$$p(g_{m,n} \mid e_{m,n} = 0, \cdots) \propto \frac{\alpha_{g_{m,n}} + p^{-(m,n)}_{m,0,g_{m,n},*}}{\sum_{g=1}^{G} \alpha_g + p^{-(m,n)}_{m,*,0,g,*}} \frac{\beta_{i_{m,n}} + p^{-(m,n)}_{*,*,g_{m,n},i_{m,n}}}{\sum_{i=1}^{V} \beta_i + p^{-(m,n)}_{*,*,g_{m,n},i}} \tag{3.11}$$

在 EM 算法和吉布斯采样收敛后，根据公式(3.12)～公式(3.14)估计分布$\boldsymbol{\lambda}$ 、$\boldsymbol{\theta}$ 和$\boldsymbol{\varphi}$ 分布的期望。

$$\lambda_m^e = \frac{p_{m,e,*,*} + \tau_e}{p_{m,*,*,*} + \tau_0 + \tau_1} \tag{3.12}$$

$$\theta_m^g = \frac{p_{m,0,g,*} + \alpha_g}{p_{m,0,*,*} + \sum_{g=1}^{G} \alpha_g} \tag{3.13}$$

$$\varphi_g^i = \frac{p_{*,*,g,i} + \beta_i}{p_{*,*,g,*} + \sum_{i=1}^{V} \beta_i} \tag{3.14}$$

从以上分布估计公式(3.12)～公式(3.14)可以看出,从 λ_m^e 可以得到用户的探索倾向λ_m^1,等于用户处于探索状态的选择行为数除以总选择数被贝塔先验平滑后的结果。此外,θ_m^g 表示用户的目标分布,从中可以得到用户的目标偏好。φ_g^i 将目标表示成物品空间的概率分布,展现了每个物品在相应目标下的重要性。

3.3.4 复杂度分析

GEM 模型的复杂度主要来源于 EM 算法和吉布斯采样。在每一轮迭代中,EM 算法的主要时间代价在于根据公式(3.5)估计 $q_{m,n}^e$,其复杂度为 $O(M\bar{N})$,其中 $\bar{N}$ 表示平均一个用户选择的物品数,在推荐数据集中 $\bar{N}$ 通常远小于M。另一方面,吉布斯采样的时间开销主要来源于采样隐变量$e_{m,n}$ 和 $g_{m,n}$。根据公式(3.8),采样 $e_{m,n}$ 的时间复杂度为 $O(M\bar{N})$,根据公式(3.9)采样 $g_{m,n}$ 的复杂度为 $O(M\bar{N}G)$。因而,每一轮 GEM 迭代估计的复杂度为 $O(M\bar{N}(2+G))$或者等价地记为 $O(M\bar{N}G)$。可见,GEM 的时间复杂度与数据集中的用户数呈线性关系,因而该方法具有良好的可扩展性,可以适用于大规模数据集。

3.4 推荐方法

为了给每个用户生成个性化的推荐列表,需要预测每个用户喜欢每个物品的程度,同时把探索心理的影响考虑进来。笔者从两个层面考虑探索心理的影响,一是用户层面的探索倾向差异,二是目标层面的探索倾向差异。其中,用户的探索倾向反映在 λ_u^1 中,λ_u^1 值越大,用户 u 的探索倾向越高。而目标的探索倾向差异与实现该目标的物品的唤起潜力不同有关,若实现该目标的物品探索唤起潜力较高，则该目标的探索潜力也相应较高。根据GEM模型推导的采样结果，可以根据公式(3.15)和公式(3.16)估计目标的探索倾向。其中，ω_g^1 表示目标 g 的探索倾向，$\mathrm{ind}(g_{m,n}=g_{m,n-1})$ 为示性函数。

$$\omega_g^1=\frac{\sum_{m=1}^{M}\sum_{n=2}^{N_m}\mathrm{ind}(g_{m,n}=g_{m,n-1})}{\sum_{m=1}^{M}(N_m-1)} \tag{3.15}$$

$$\omega_g^0=1-\omega_g^1 \tag{3.16}$$

据此，提出两种推荐策略，考虑用户探索倾向的推荐策略(Ue)和考虑目标探索倾向的推荐策略(Ge)，分别如公式(3.17)和公式(3.18)所示。两式分别计算了当用户上一个选择对应目标为 g' 的情况下，用户 u_m 选择物品 i 的概率。其中，上一个目标 g' 可以根据GEM推导过程的采样结果得到。具体来说，公式(3.17)考虑了用户层面探索倾向的差异，而公式(3.18)考虑了目标层面探索倾向的差异。

$$\text{Ue}: p(i\mid u_m,g')=\lambda_m^0\sum_{g=1}^{G}\theta_m^g\varphi_g^i+\lambda_m^1\varphi_{g'}^i \tag{3.17}$$

$$\text{Ge}: p(i\mid u_m,g')=\omega_{g'}^0\sum_{g=1}^{G}\theta_m^g\varphi_g^i+\omega_{g'}^1\varphi_{g'}^i \tag{3.18}$$

以上两个推荐策略均综合考虑了用户的目标偏好和探索心理两方面的影响。以策略Ue为例，用户探索倾向 λ_m^1 越高，越有可能继续根据目标 g' 的分布选择物品，反映为公式(3.17)中第二项；相反，用户的非探索倾向 λ_m^0 越高，越有可能根据自身的整体目标偏好选择物品，而不选择前一个目标对应的物品，对应公式(3.17)的第一项。从经验上来看，一种简单结合两种策略的方法(Ue+Ge)能得到最好的推荐效果。综合推荐策略的推荐思路是：若在与目标 g' 对应的选择行为当天进行推荐，则采取考虑目标探索倾向的推荐策略Ge，在其他时间则采用考虑用户探索倾向差异的推荐策略Ue。结合策略(Ue+Ge)的合理性主要是源于用户的下载行为在某一天内通常集中于某个特定的目标，而多天之间变换目标的可能性较大。也就是说，探索行为更有可能发生在一天内的连续下载行为之间。因而，如果知道用户某天的目标为 g' 而且在当天进行推荐，那么最好考虑当天目标的影响，选择考虑目标探索倾向的推荐策略Ge；而如果不在当天进行推荐，那么之前目标的影响可能已经减弱，相较而言考虑用户的探索倾向Ue更为有效。3.5.2 节具体给出了不同推荐策略的效果比较。

3.5 实验评估

本节通过实验评估 GEM 模型的推荐效果。具体来说包括以下四个方面的实验分析：(1)比较 GEM 与基准方法在移动应用数据集上的推荐效果；(2)GEM 模型的参数设置分析；(3)GEM 模型识别的目标语义分析；(4)从目标、用户和应用三个维度进行有关探索倾向的实证分析。

3.5.1 实验设置

本研究的实验数据集来源于 360 手机助手应用下载平台。该平台是国内著名的针对安卓智能手机用户的应用下载平台，提供近百万级别的应用下载，平台上的应用涉及社交通信、影音视听、交通导航、新闻阅读、休闲游戏等多个类别。本研究从平台随机收集了一个应用下载数据集，涉及约 20 万用户，时间跨度从 2014 年 10 月 1 日到 2015 年 12 月 15 日，此外还收集了相关应用的名称和类别信息。通过简单的数据预处理，去掉下载应用数少于 5 个的用户以及被下载次数少于 30 次的应用，得到最终的实验数据集，如表 3.3 所示。其中，稀疏度 $= 1-\frac{\overline{N}}{V}\times 100\%$。实验数据集被分为训练集 T_{train} 和测试集 T_{test} 两部分，测试集由用户的最后一条下载记录构成，其他下载记录构成训练集。

表 3.3 移动应用数据集基本统计信息

用户数(M)	214 584
移动应用数(V)	11 546
应用类别数	38
用户人均应用下载数($\overline{N}$)	33.65
数据稀疏度	99.71%

在基准方法选择上，本研究选取了一些适用于隐式反馈数据集的推荐方法，包括 LDA、LDAE、AoBPR、RankALS 和 ItemKNN。考虑到已有的应用推荐算法都引入了本研究数据集中没有的额外信息，如隐私条款和情境信息等，因而不与已有的应用推荐算法进行比较。接下来对本研究选取的基准方法进行简单介绍。

LDA[33]是用于文档分析的经典话题模型，适用于隐式反馈数据集上的推荐。它将用户视为文档，将用户选择过的物品视为文档中的词。LDA假设物品的选择是出于用户的兴趣，也就是本研究中所谓的目标。

LDAE是笔者提出的在LDA基础上考虑探索影响的推荐方法。LDAE模型与LDA模型一致，不同之处在于LDAE的推荐策略考虑探索心理的影响，与GEM方法所采用的推荐策略一致。具体来说，LDAE方法首先根据用户选择序列训练一个LDA模型，学习用户目标分布、目标应用分布和潜在目标序列。然后基于学到的潜在目标序列计算用户探索倾向分布和目标探索倾向分布。其中，用户的探索倾向等于 $\frac{\sum_{n=2}^{N_m}\text{ind}(g_{m,n}=g_{m,n-1})}{N_m-1}$，其中 $\text{ind}(g_{m,n}=g_{m,n-1})$ 是示性函数；而目标的探索倾向如公式(3.15)所示。最后，LDAE方法采用与GEM模型同样的推荐策略(Ue+Ge)来生成推荐列表。可见，LDAE方法同样考虑了探索心理对于推荐的影响；与GEM不同的是，LDAE方法没有基于相似度序列学习探索状态，也未设计统一的模型同时进行探索行为识别和个性化推荐。

AoBPR[39]是以优化排序为目标的推荐方法，基于矩阵分解模型进行预测，且采用基于情境的采样加快收敛速度。

RankALS[40]基于矩阵分解模型，以优化排序为目标，在模型求解中不进行采样而直接优化。

ItemKNN[30]是基于物品的协同过滤。它基于共同选择计算物品之间的相似度，如公式(3.1)所示，然后向用户推荐与其选过的物品相似的其他物品。

在参数设置上，通过实验得到GEM在该数据集上的最佳参数设置为：$\tau=0.1$，$\alpha=0.1$，$\beta=0.01$，$G=200$，最佳相似度方法为simCoN，最佳推荐方法为(Ue+Ge)。GEM模型的参数调节实验在3.5.3节有详细介绍。所有基准方法也均通过实验选取了最佳参数设置。

在评价指标上，本研究选取了两个常用的指标：AUC和Recall。

AUC衡量了一个推荐列表排序的正确程度，计算方法如公式(3.19)所示。AUC取值范围为[0.5,1]，AUC值越大，则推荐质量越高。

$$\text{AUC}=\frac{1}{|U|}\sum_{u}\frac{1}{|E(u)|}\sum_{(i,j)\in E(u)}\text{ind}(R_{u,i}>R_{u,j}) \tag{3.19}$$

其中，$R_{u,i}$ 表示推荐系统预测的用户 u 对物品 i 的评分，$\mathrm{ind}(R_{u,i}>R_{u,j})$ 为示性函数，$E(u)$ 为待评价的物品对集合，如公式(3.20)所示。

$$E(u):=\{(i,j)\mid(u,i)\in T_{\text{test}}\wedge(u,j)\notin(T_{\text{test}}\cup T_{\text{train}})\} \tag{3.20}$$

Recall 衡量了推荐列表召回用户真实选择的物品的能力。令 I^d 表示测试集中所有选择行为的集合，且 $i_j^d\in I^d(j=1,2,\cdots,|I^d|)$ 表示 I^d 中的一个选择行为。记 R_j 为针对选择行为 i_j^d 产生的推荐列表。定义一个示性函数来表示 i_j^d 是否包含在 R_j 中，如公式(3.21)所示。

$$\mathrm{ind}(i_j^d,R_j)=\begin{cases}1, & \text{如果}\ i_j^d\in R_j\\ 0, & \text{否则}\end{cases} \tag{3.21}$$

于是，Recall 可以定义为：

$$\mathrm{Recall}=\frac{\sum_{j=1}^{|I^d|}\mathrm{ind}(i_j^d,R_j)}{|I^d|} \tag{3.22}$$

Recall 取值范围为[0,1]，0 表示测试集中没有任何一个选择行为包含在推荐列表中，1 表示所有选择行为都被推荐列表覆盖。Recall 取值越大，推荐方法质量越高。记推荐列表长度为 N 时的 Recall 指标为 Recall@N 或简记为 R@N。①

3.5.2 推荐效果

本节从以下四个方面比较 GEM 模型的推荐效果，包括 GEM 与基准方法的比较、变换相似度计算方法、变换推荐策略和运行时间比较。

与基准方法比较上，表 3.4 和图 3.3 分别展现了各个方法在 AUC 和 Recall 指标上的推荐效果。这里 GEM 方法采用基于名称相似限制的相似度(simCoN)和综合推荐策略(Ue+Ge)。可以看出，GEM 在 AUC 和 Recall 指标上均优于其他方法。GEM 方法在 Recall 指标上的优势更为明显，在 Recall@5 指标上较之于基准方法提升了 10.0%～34.9%。首先，

① 另一种常用的推荐系统评价指标是 Precision。在本研究中，Precision 定义为 $\mathrm{Precision}=\frac{\sum_{j=1}^{|I^d|}\frac{\mathrm{ind}(i_j^d,R_j)}{|R_j|}}{|I^d|}$。鉴于推荐列表的长度对所有选择行为都一致，所以有 $\mathrm{Precision}=\mathrm{Recall}/|R_j|$。也就是说，在本研究中 Precision 与 Recall 成比例。例如，当推荐列表长度 $N=5$ 时，Precision=Recall/5。因而，为了节省空间，本研究仅报告 Recall 指标的评价结果。

GEM 方法较之于 LDAE 方法在 Recall@5 上提升了 10.0%，这体现出 GEM 方法图模型设计上的优势，该模型引入相似度序列，将探索行为识别和个性化推荐统一到一个模型中，显著提升了推荐效果。其次，GEM 方法较之于 LDA 方法在 Recall@5 上提升了 16.8%，这体现出考虑探索心理对于移动应用推荐的重要作用。

表 3.4　GEM 与基准方法在 AUC 指标上推荐效果的比较

	GEM	LDAE	LDA	AoBPR	RankALS	ItemKNN
AUC	0.947	0.940	0.938	0.920	0.881	0.842

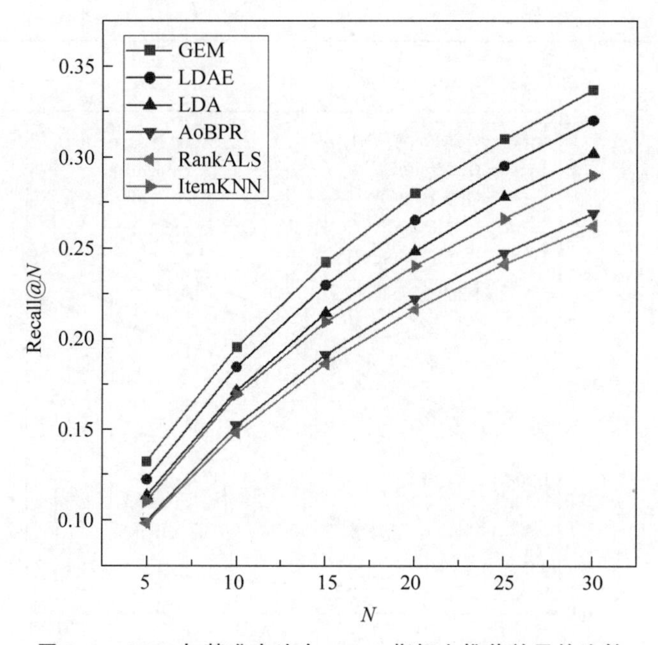

图 3.3　GEM 与基准方法在 Recall 指标上推荐效果的比较

在相似度方法比较上，考虑到 GEM 和 ItemKNN 均需要使用相似度方法，本章分别给出了二者使用 simCoN、simCoC 和 simCo 三种不同相似度的结果。表 3.5 和图 3.4 分别展示了在 AUC 和 Recall 指标上的结果。可以看出，对于 GEM 模型而言，simCoN 效果最好，simCo 效果最次，simCoC 居中；而对于 ItemKNN 方法而言，则呈现完全相反的关系，即 simCo 优于 simCoC，二者均优于 simCoN。造成这种差异的原因主要是 GEM 和 ItemKNN 关于相似度的含义有根本差异，GEM 模型中两物品相似不仅强调共同选择，还强调功能上的相似和实现目标的一致性。从这个角度上说，考虑名称相似的限制 simCoN 相似度更适合 GEM 模型。而 ItemKNN 的相似含义主要基于共同选择，即选择 A 的用户也会选择 B，因而 simCo 效果最佳。相反，加入类别或者名称限制的相似度 simCoN 和 simCoC 会使得相似度矩阵过于稀疏，导致大部分用户无法获得有效推荐，因而不能得到好的推荐效果。

表 3.5　不同相似度计算方法对 GEM 在 AUC 指标上推荐效果的影响

	GEM (simCoN)	GEM (simCoC)	GEM (simCo)	ItemKNN (simCoN)	ItemKNN (simCoC)	ItemKNN (simCo)
AUC	0.947	0.945	0.935	0.660	0.840	0.842

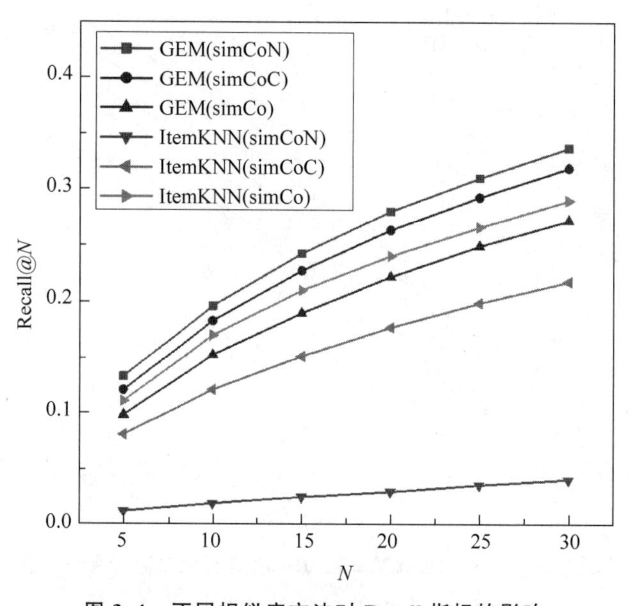

图 3.4　不同相似度方法对 Recall 指标的影响

在推荐策略选择上，比较了 GEM 模型使用不同推荐策略的效果，包括考虑用户探索倾向的推荐策略(Ue)、考虑目标探索倾向的推荐策略(Ge)和综合推荐策略(Ue+Ge)。表 3.6 和图 3.5 给出了 GEM 模型使用不同推荐策略的结果。比较发现，综合推荐策略(Ue+Ge)在两个指标 AUC 和 Recall 上均表现最好，这说明考虑目标探索倾向的推荐策略在当天更有优势，而考虑用户探索倾向的推荐策略在其他情况下更有优势。

表 3.6　不同推荐策略对 GEM 在 AUC 指标上推荐效果的影响

	GEM（Ue+Ge）	GEM（Ue）	GEM（Ge）
AUC	0.947	0.946	0.947

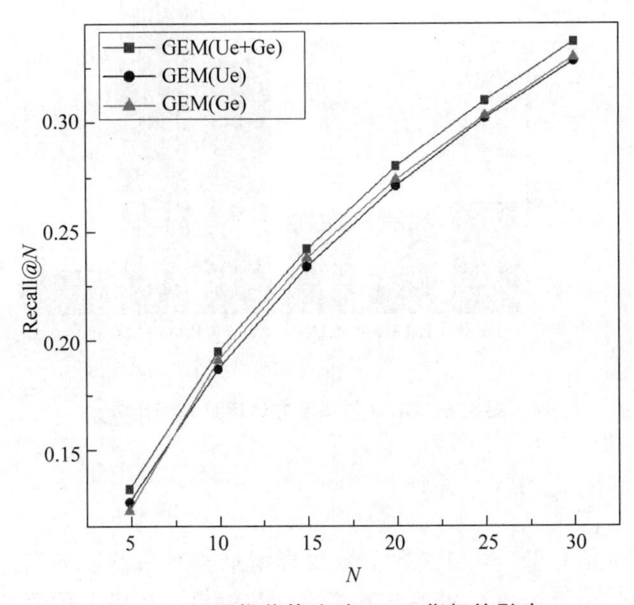

图 3.5　不同推荐策略对 Recall 指标的影响

为了比较不同方法的推荐效率，将所有的方法在同一平台上运行，并且绘制各个方法的总运行时间（包括模型训练和推荐两个阶段），如图 3.6 所示。可以发现，ItemKNN 运行时间最短，因为该方法不需要迭代式的模型学习阶段；而 RankALS 方法最为费时，这主要是因为该方法模型学习阶段直接优化目标函数大大增加了时间成本。其次，GEM 的运行时间与 LDA、LDAE 基本处于同一水平，因为这三种方法具有一致的时间复杂度，且主要时间开销都来源于模型学习的吉布斯采样环节。可见，GEM 方法识别探索行为且将探索心理的影响考虑到推荐中，并未增加额外的时间开销。因而，GEM 方法在时间上是高效的，有望应用于大规模数据集进行应用推荐。

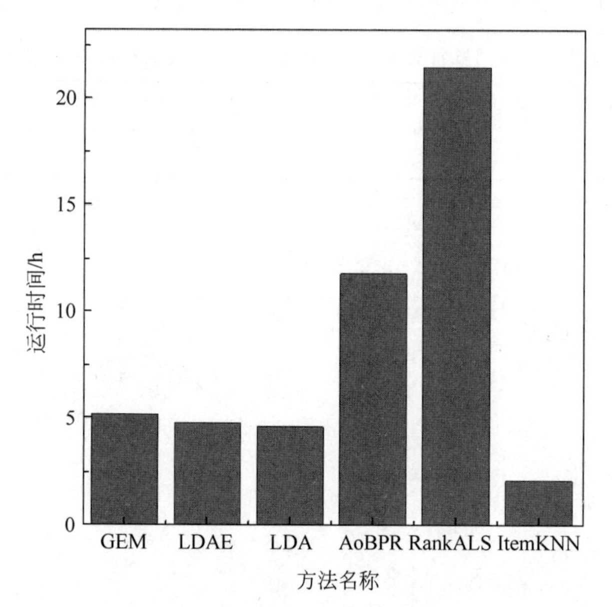

图 3.6 GEM 与基准方法运行时间比较

3.5.3 参数调节

本节探究 GEM 模型参数设置对模型推荐效果的影响，包括 (α,β,τ) 超参数[①]调节、目标数 G 的确定和模型学习过程的迭代次数设置三个部分。

为了验证不同的超参数设置对 GEM 推荐效果的影响，本研究代表性地变换了不同的超参数组合进行 GEM 模型的学习和推荐，结果如表 3.7 所示。比较所有实验设置，实验设置 1 效果最佳，即 $\alpha=0.1,\beta=0.01,\tau=0.1$。对比实验 1、实验 2、实验 3 可以发现，超参数 α 更适合设置稍大的值，比如 0.1。这可能是因为在移动应用推荐中，用户的兴趣（目标）往往比较多样化，因而一个较大的 α 先验值对于用户目标分布 $\boldsymbol{\theta}$ 能起到更好的平滑作用。此外，对比实验 1、实验 4 和实验 1、实验 5 可以看出，GEM 模型的推荐效果对于超参数 β 和 τ 的取值不敏感。

---

① 如未做特别说明，本书在超参数设置上均采用对称化设置，即同一超参数不同维度设置一致。

表 3.7　超参数调节实验结果

编号	(α,β,τ)	AUC	R@5	R@10	R@15	R@20	R@25	R@30
1	(0.1,0.01,0.1)	0.947	0.132	0.195	0.242	0.280	0.310	0.337
2	(0.01,0.01,0.1)	0.941	0.120	0.181	0.226	0.262	0.292	0.318
3	(0.2,0.01,0.1)	0.946	0.129	0.192	0.239	0.276	0.307	0.333
4	(0.1,0.1,0.1)	0.946	0.130	0.193	0.240	0.277	0.307	0.333
5	(0.1,0.01,0.01)	0.947	0.131	0.195	0.242	0.279	0.310	0.336

为了研究目标数 G 对 GEM 推荐效果的影响，在 50～250 的区间变换目标数 G 的设置，并绘制相应设置下模型的推荐效果折线图，如图 3.7 和图 3.8 所示。可以看出，指标 AUC 和 Recall 开始均随着目标数 G 的增加而增加，在 $G=200$ 处达到最大值，接着随着 G 的进一步升高呈现下降趋势，这可能是因为过度拟合的影响。因此，建议 GEM 模型的目标数设置为 $G=200$。

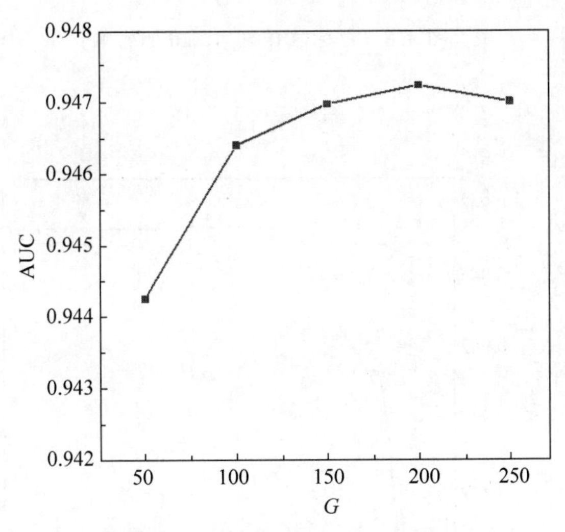

图 3.7　目标数 G 对 AUC 的影响

对于模型学习的迭代次数，变换模型参数学习的迭代次数对模型推荐效果的影响，如图 3.9 和图 3.10 所示。可以看出，两个指标 AUC 和 Recall 均在迭代次数为 160 附近达到最大值，接下来随着迭代次数的增加，推荐效果基本维持不变，可见模型学习采样已处于收敛状态。为了方便，模型参数学习的迭代次数设置为 200。

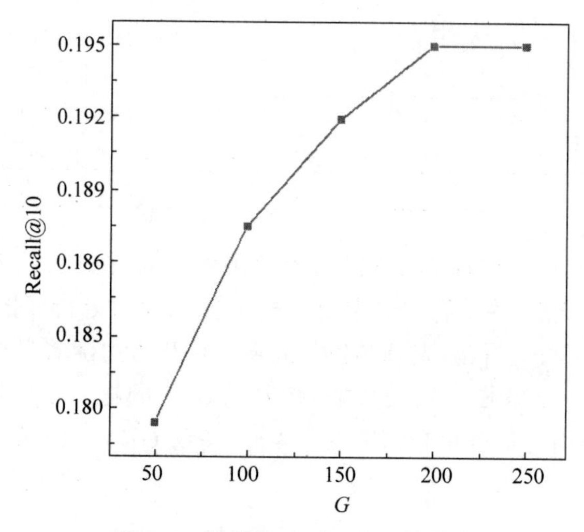

图 3.8　目标数 G 对 Recall 的影响

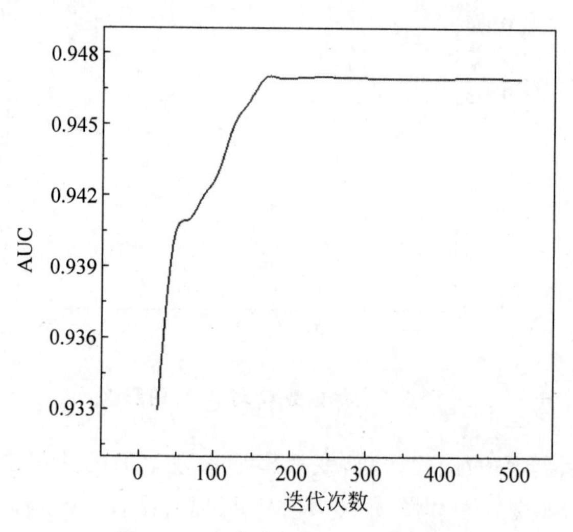

图 3.9　迭代次数对 AUC 的影响

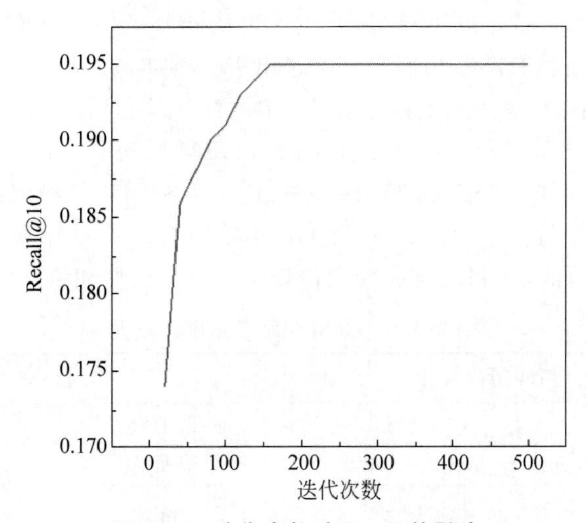

图 3.10　迭代次数对 Recall 的影响

3.5.4　目标语义

本节展示 GEM 模型目标识别的能力。该模型根据功能的不同将物品聚类成不同的目标,同时将目标表示成物品空间上的概率分布。为了获取目标的语义,最简单有效的策略就是根据目标的物品分布 $\{\varphi_g^i\}$ 列出每个目标下最有代表性的物品信息,如应用的名称。同时还可以根据目标的物品分布 $\{\varphi_g^i\}$ 和物品的类别信息计算目标的类别分布。具体来说,目标 g 下应用属于类别 c 的概率如公式(3.23)所示。其中,$\text{ind}(C_i=c)$ 为示性函数,当物品 i 的类别为 c 时,函数值为 1,否则为 0。

$$P(c \mid g)=\frac{\sum_{i=1}^{V}\text{ind}(C_i=c)\varphi_g^i}{V} \tag{3.23}$$

表 3.8 给出了 GEM 模型从移动应用数据集中识别的 8 个目标,每个目标包含最主要类别和相应概率以及最具代表性的 5 个应用名称和该目标下代表性应用的概率 φ_g^i 。例如,第一个目标对应编号为 G165,该目标的最主要类别是新闻阅读,该目标下 93.1%的应用都属于新闻阅读类。其中概率最高的前 5 个应用依次是书旗小说、掌阅 iReader、360 小说大全、追书神器和爱看免费小说,概率分别为 0.087、0.078、0.067、0.044 和 0.043。从表 3.8 可以看出,各个目标的最主要类别概率均在 0.5 以上,体现出 GEM 模型在目标发现上具有类别一致性。此外,GEM 还能较好地根据功能的

相似性将应用聚成不同的簇，这一点可以从同属于一个目标的代表性应用往往在名称上就有某些相似字段反映出来。例如，目标G165中的"小说"、目标G155中的"消消乐"、目标G166中的"宝宝"、目标G22中的"手电筒"和目标G41中的"视频"。这主要是因为GEM模型引入相似度信息进行探索状态的识别并监督目标的转移，使得连续下载的功能相似的应用往往被分配到同一个目标下。总结来说，GEM模型发现的目标具有良好的语义和可解释性，同一个目标下的应用体现出类别一致性和语义相似性。

表3.8 GEM模型目标语义分析

G165（新闻阅读，0.931）		G155（休闲游戏，0.646）	
书旗小说	0.087	开心消消乐	0.062
掌阅 iReader	0.078	糖果萌萌消	0.042
360小说大全	0.067	冰雪消消乐	0.039
追书神器	0.044	天天消糖果	0.031
爱看免费小说	0.043	PopStar 消灭星星	0.030
G42（办公商务，0.594）		G166（儿童亲子，0.792）	
WPS Office	0.087	宝宝小厨房	0.027
Office 办公套件	0.085	宝宝幼儿园	0.027
PDF 阅读器	0.041	宝宝医院	0.024
扫描全能王	0.034	宝宝爱整理	0.018
移动办公套件	0.026	宝宝生日派对	0.018
G48（交通导航，0.722）		G56（金融理财，0.774）	
滴滴出行	0.097	手机贷	0.025
嗒嗒拼车	0.097	51信用卡管家	0.025
Uber	0.067	中国建设银行	0.02
滴滴打车司机端	0.058	快贷贷款	0.018
一号专车	0.051	中国工商银行	0.018
G22（实用工具，0.596）		G41（影音视听，0.869）	
最美手电筒	0.116	优酷	0.088
随手电筒	0.097	乐视视频	0.078
手电筒	0.062	搜狐视频	0.068
手电筒三星版	0.043	爱奇艺视频	0.067
强光手电筒	0.025	腾讯视频	0.061

3.5.5 探索倾向分析

本节从目标、用户和应用三个层面对探索倾向进行分析，依次研究(1)目标探索倾向和目标流行度之间的相关关系；(2)个体探索倾向与用户行为模式之间的关系；(3)应用唤起潜力与应用特点之间的关系。

3.5.5.1 目标层面

为了探究目标探索倾向和目标流行度之间的关系，需要首先计算各个目标的探索倾向和流行度。对于目标 g，其探索倾向等于 ω_g^1，如公式(3.15)所示；而流行度 P_g 可以计为属于该目标 g 的应用流行度的平均值，如公式(3.24)所示。其中，P_i 表示应用 i 的流行度，等于下载物品 i 的用户数。

$$P_g = \sum_{i=1}^{V} \varphi_g^i P_i \tag{3.24}$$

基于以上的定义，绘制目标探索倾向和流行度之间的散点图，如图3.11所示。从图中可以看出，目标的探索倾向与目标流行度之间呈现负相关关系。为了进一步检测二者关系的统计显著性，采取Spearman秩相关检验[①]，

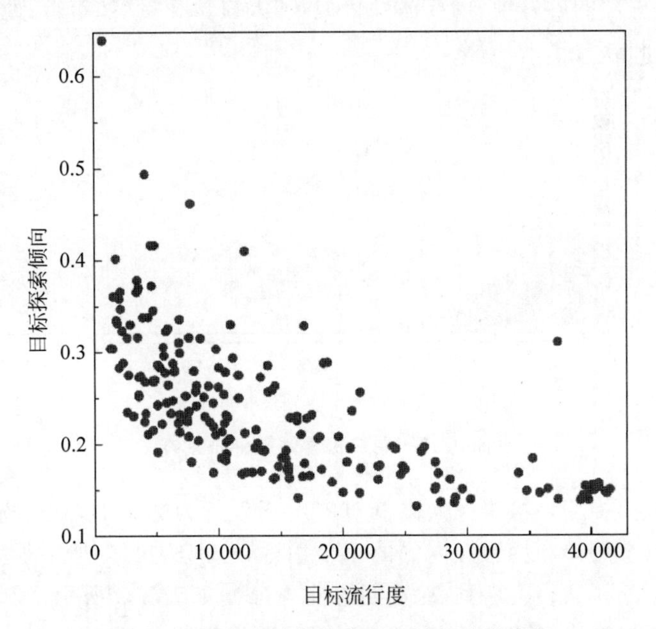

图3.11　目标探索倾向与目标流行度散点图

① 考虑到目标探索倾向和流行度均不服从正态分布，所以采取Spearman秩相关检验。

得到相关系数为−0.786，p 值为 2.2e−16。可见，目标的探索倾向与流行度之间的关系是统计显著的，呈现较强的负相关关系。也就是说，对于越冷门的目标，用户发生探索行为的可能性越大。这可能是因为冷门的目标对应的往往也是冷门应用，而冷门应用往往有更大的模糊性和不确定性，因而有更强的探索唤起潜力，容易激发探索行为的发生。而对于热门应用，用户通常在下载和使用前已经了解和熟知应用的功能和用途，因而不需要通过反复的探索和实践以获得对应用的了解和体验。这也意味着，考虑用户探索心理的影响，有望提高冷门应用的推荐效果，从一定程度上解决长尾应用推荐的难题。

3.5.5.2　个体层面

最佳刺激水平理论表明，用户的探索倾向因人而异。GEM 模型根据用户行为识别用户的探索倾向，模型参数 λ_m^1 表示用户 u_m 的探索倾向。图 3.12 展示了实验数据集中用户的探索倾向分布。可以发现，用户的探索倾向呈现个体差异性，有的偏高而有的偏低，这种差异性与个体人格特质（如对模糊性的容忍度、内在激励价值）和人口学变量（如年龄、性别、工作地位、收入和教育水平）有关[73,76,77]。

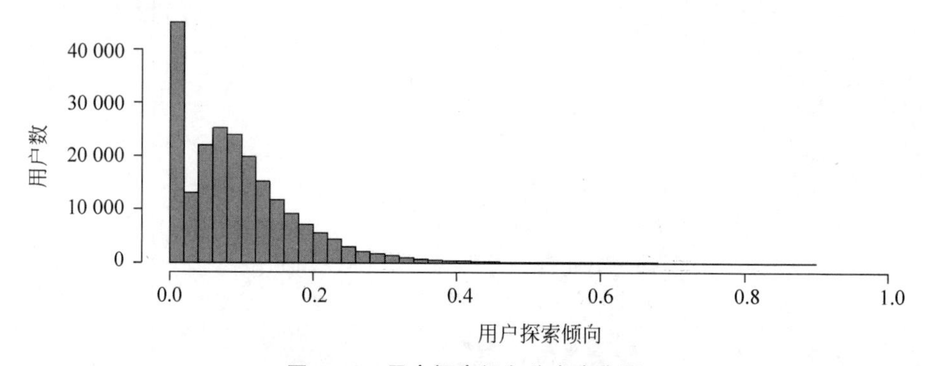

图 3.12　用户探索倾向分布直方图

为了捕捉用户探索倾向高低对应用下载行为的影响，随机选择探索倾向高的三个用户和探索倾向低的三个用户，分别给出了他们的选择序列和模型识别的探索行为序列（$\boldsymbol{e}$）和目标序列（$\boldsymbol{g}$），如表 3.9 所示。例如，用户 1 具有较高的探索倾向 $\lambda_1^1=0.744$，该用户选择序列包括 360 免费 WiFi、360 免费电话、360 卫士极客版等应用。根据模型识别的探索行为序列和目标序列，可以看出该用户首先在目标 55 探索，连续下载了 3 个有关 360 公司的应用；接着在目标 187 下探索，连续下载了 3 个有关二手车购买的应用；后来又转移到理财类应用（目标 185）进行探索。可见，该用户呈现出不同目标下的探索行为，展示出很高的探索倾向。类似地，用户 2 和用户 3 也具有较高的探索倾向，如用户 2 下载了 6 个有关新闻类应用（目标 169）。相对而言，观察用户 4、用户 5 和用户 6 的选择序列可以发现，探索倾向低的用户则呈现出频繁转换目标、缺乏同一个目标下的连续下载行为这样的特点。综上所述，GEM 能够有效识别用户下载行为所对应的潜在目标和探索状态。不同探索倾向的用户下载行为呈现出明显的差异。因而，区分用户的探索倾向，有助于提高用户行为预测的精度，提升推荐系统的质量。

表 3.9　用户探索倾向的高低对选择序列的影响

探索倾向高的三个用户								
用户 1，$\lambda_1^1=0.744$			用户 2，$\lambda_2^1=0.622$			用户 3，$\lambda_3^1=0.5$		
选择序列	e	g	选择序列	e	g	选择序列	e	g
360 免费 WiFi	#	55	UC 浏览器	#	169	QQ	#	162
360 免费电话	1	55	腾讯新闻	1	169	QQ 空间	1	162
360 卫士极客版	1	55	凤凰新闻	1	169	美颜相机	0	147
唯品会	0	187	搜狐新闻	1	169	魔漫相机	1	147
优信二手车	1	187	新浪新闻	1	169	女孩相机	1	147
二手车	1	187	央视新闻	1	169	美咖相机	1	147
指旺理财	0	185	360 卫士	0	99	酷狗音乐	0	102
PP 万惠理财	1	185	汽车之家	0	153	优酷	0	114
大象理财	1	185	360 免费 WiFi	0	169	手电筒三星版	0	22
探索倾向低的三个用户								
用户 4，$\lambda_4^1=0.011$			用户 5，$\lambda_5^1=0.120$			用户 6，$\lambda_6^1=0.120$		
选择序列	e	g	选择序列	e	g	选择序列	e	g
听说交通	#	120	360 卫士	#	99	WPS Office	#	42
360 浏览器	0	152	飞信	0	158	蔚蓝地图	0	190
最美手电筒	0	22	天天动听	0	180	三星打印服务插件	0	90
蜻蜓 FM	0	119	农行掌上银行	0	7	折 800	0	187
墨迹天气	0	62	360 影视大全	0	134	多纳爱学习	0	108
电信营业厅	0	99	旺信	0	160	乐乐的英语小火车	1	108
强光手电筒	0	98	手机淘宝	0	97	疯狂猜成语	0	11
天天动听	0	26	我查查	0	7	360 影视大全	0	59
微博	0	152	我查查二维码	1	7	QQ	0	171
健身时间	0	116	RE 管理器	0	10	微信	0	68

有关探索理论的研究表明，探索倾向高的用户通常呈现出寻求多样化、风险偏好和好奇驱动的行为[73]。寻求多样化和风险偏好行为常常发生在商品采纳过程中，而好奇驱动的行为则更多地出现在对于知识和信息的获取环节中。因此，在应用下载行为中主要考虑前面两种行为模式。寻求多样化维度用目标的多样化程度(GoalDiversity)衡量，计算为用户目标分布 $\boldsymbol{\theta}_m$ 的信息熵。风险偏好采用用户选择序列中应用的平均流行度(AvePopularity)和平均评分(AveRating)两者进行衡量，这主要是因为下载冷门应用或者评分低的应用往往有更高的风险和不确定性。此外，还引入一个新的维度“参与度”，通过总下载数(TotalDownloads)、用户选择序列中平均相邻应用之间的下载时间间隔(AveDownloadInterval)和用户有下载行为期间平均一天的应用下载数(AveDownloadsPerDay)三个变量度量参与度。实验中采用 Spearman 秩相关检验研究用户探索倾向(λ_m^1)和以上所列变量之间的相关关系，结果如表 3.10 所示。

表 3.10　用户探索倾向与行为模式相关分析

行为模式	变量名称	相关系数	P 值	显著水平
寻求多样化	GoalDiversity	0.073	<2.2e−16	***
风险偏好	AvePopularity	−0.094	<2.2e−16	***
	AveRating	−0.103	<2.2e−16	***
参与度	TotalDownloads	0.045	<2.2e−16	***
	AveDownloadInterval	−0.080	<2.2e−16	***
	AveDownloadsPerDay	0.192	<2.2e−16	***

注：*** 表示在 0.001 的水平下显著。

整体来说，探索倾向高的用户呈现出寻求多样化、风险偏好和高参与度的行为模式，且各个因素都在统计水平上显著。详细分析如下。

首先，探索倾向高的用户更喜欢寻求多样化，这一方面体现在用户目标的多样性上。另一方面，用户的多样化探求行为也可以从用户选择序列中看出，即从用户倾向于针对同一个目标下载多个功能相似应用看出。例如，表 3.11 展示了 GEM 模型识别的 5 个用户的探索行为序列，可以看出用户常常针对同一个目标下载多个相似的应用，呈现出多样化的探索行为。例如，针对目标“图像恢复”就连续下载了 4 个相关应用。

表3.11 GEM模型识别的用户探索序列

目标	目标标签	探索序列
G21	图像恢复	图像恢复→图像恢复专家→恢复已删除的照片→照片恢复
G106	说话模拟	会说话的加菲猫→会说话的鹦鹉→会说话的小婴儿→会说话的新闻
G160	银行服务	邮政储蓄银行→中国工商银行→交通银行
G166	宝宝学习	宝宝学英语→宝宝小厨房→宝宝生日派对→宝宝幼儿园→宝宝学画画
G183	兼职工作	兼职猫→1010兼职→兼职库

其次,探索倾向高的用户有更强的风险偏好,因为这类用户更喜欢下载冷门应用或评分低的应用,使用这类应用往往有更大的风险和不确定性。考虑到这一点,应用平台的管理者们可以尝试根据用户偏好将新推出的应用推荐给探索倾向高的用户。使用新应用常常有较高的风险和不确定性,因而更有可能激起高探索用户的兴趣。同时,对于新应用而言,也能更快地积累用户行为数据,解决应用推荐系统中的冷启动问题。

最后,探索倾向高的用户往往有更强的参与度。这类用户下载应用的时间间隔更短或者一天会发生多次应用下载行为,因而高探索用户是平台的重要用户。鉴于维持一个旧用户的成本远远低于获取一个新用户的成本,因而平台应该加强与高探索用户的关系维护,制定个性化的营销和推广策略。这样从长期来看,锁定了高探索用户,有助于提高平台的应用下载量,尤其是长尾应用的下载。

3.5.5.3 应用层面

已有研究表明,只有那些具有新颖性、模糊性、不确定性等类似特点的应用才具有唤起潜力,导致探索行为的发生[78]。为了探究影响探索唤起潜力的应用特点,笔者首先根据探索行为序列计算应用的探索唤起潜力,用应用下载行为属于探索行为的比例进行计算。接着,采用回归分析,研究了应用探索唤起潜力与应用规范化流行度(NormPopularity,计为应用下载次数规范到[0,1])、应用评分(Rating)和应用类别(Category)三者的关系,结果如表3.12① 所示。

① 该表中省略了个别不显著的类别结果,以节省空间。

表 3.12　应用探索唤起潜力影响因素回归分析

	估计值	标准误	T 值	P 值	显著水平
(截距)	0.503	0.013	39.194	<2e−16	***
NormPopularity	−0.799	0.047	−17.157	<2e−16	***
Rating	−0.006	0.001	−5.267	1.41E−07	***
Category(儿童亲子)	0.257	0.014	17.919	<2e−16	***
Category(儿童游戏)	0.225	0.027	8.270	<2e−16	***
Category(辅助工具)	0.127	0.016	8.211	2.44E−16	***
Category(主题壁纸)	0.110	0.014	8.010	1.25E−15	***
Category(教育学习)	0.097	0.012	7.869	3.89E−15	***
Category(竞速游戏)	0.089	0.015	6.054	1.46E−09	***
Category(模拟游戏)	0.083	0.014	5.901	3.71E−09	***
Category(休闲游戏)	0.082	0.011	7.313	2.78E−13	***
Category(棋牌游戏)	0.075	0.015	5.000	5.83E−07	***
Category(金融理财)	0.072	0.012	5.916	3.40E−09	***
Category(射击游戏)	0.070	0.014	5.028	5.02E−07	***
Category(消除游戏)	0.053	0.024	2.169	3.01E−02	*
Category(生活方式)	0.049	0.011	4.335	1.47E−05	***
Category(旅行住宿)	0.045	0.020	2.207	2.73E−02	*
Category(系统安全)	0.044	0.012	3.721	2.00E−04	***
Category(角色扮演)	0.040	0.014	2.956	3.12E−03	**
Category(冒险游戏)	0.037	0.014	2.624	8.70E−03	**
Category(实用工具)	0.036	0.013	2.758	5.82E−03	**
Category(策略游戏)	0.036	0.016	2.295	2.18E−02	*
Category(交通导航)	0.033	0.014	2.300	2.15E−02	*
Category(新闻阅读)	0.032	0.012	2.583	9.79E−03	**
Category(影音视听)	0.032	0.012	2.619	8.83E−03	**
Category(摄影照相)	0.030	0.014	2.169	3.01E−02	*
Category(社交通信)	0.026	0.012	2.187	2.88E−02	*

注：* 表示在 0.05 的水平下显著。

** 表示在 0.01 的水平下显著。

*** 表示在 0.001 的水平下显著。

R^2：0.095 24，调整 R^2：0.092 25。

P 值<2.2e−16。

首先，冷门应用或者评分低的应用具有更强的探索唤起潜力，这与该类应用具有更强的模糊性和不确定性有关。其次，应用类别也是一个重要的影响应用探索唤起潜力的指标。例如，最具唤起潜力的前五类应用分别是儿童亲子、儿童游戏、辅助工具、主题壁纸和教育学习。这意味着，用户在下载这些类别的应用时往往连续下载多个功能类似的应用，呈现出多样化的探索行为。这可能是出于用户较高的关注度，如对于儿童亲子和儿童游戏类应用的下载；也可能是因为好奇心的驱使和对知识的追求，例如教育学习类应用的下载。最后，娱乐性较强的应用（如游戏类）较之于功用性较强的应用（如社交通信、摄影照相、影音视听等）有更强的探索唤起潜力。可见，用户在下载功能性应用时更多地选择热门应用，而下载娱乐性应用则更喜欢自我探索和发现。此外，这些发现也从一定程度上揭示了 GEM 优于传统推荐方法的原因。事实上，传统推荐方法，如基于矩阵分解的方法，倾向于为所有的用户推荐热门应用。这虽然在短期内有助于提高推荐方法的精度，但也造成了用户推荐列表趋同等问题。对比而言，GEM 方法考虑探索心理的影响，能够成功地为用户推荐长尾、冷门应用，从而提升了推荐列表的多样性和推荐质量。

3.6 管理启示

本章考虑探索心理对用户行为预测的影响，提出了考虑特定目标探索的推荐模型。该模型既显著提高了推荐效果，又提供了识别用户探索倾向的有效方法。本研究的模型方法和实验分析结果给业界提出了以下几点管理启示。

第一，研究用户选择决策（如应用下载）过程中探索心理的影响发现，其呈现出针对特定目标的多样化探索模式。因而，考虑探索心理的影响确实有助于提高用户行为预测的精度，提高物品推荐（如应用推荐）的效果，说明了在推荐系统设计中考虑用户探索心理的重要性。

第二，本章提出的方法——基于目标探索的模型，能够有效识别用户的探索行为和探索倾向，区分不同用户探索倾向的高低。因而，该方法也为管理者提供了一个基于微观行为数据进行用户分群的工具。对高探索用户群和低探索用户群有针对性地采取不同的营销策略，有望收到更好的营销效果。

第三，探索倾向不同的用户表现出相异的行为模式和偏好。探索倾向高的用户有更高的参与度，应用下载行为更为密集和频繁。因而，这类用户是平台的关键用户，值得重点维护。

第四，探索倾向高的用户有更强的风险偏好，喜欢尝试新的东西。因而，在推广新上线应用和冷门应用时，可以有针对性地选取高探索用户作为目标用户。这类用户更有可能下载这些冷门应用，这样既满足了高探索用户的探索动机，也便于新上线应用和冷门应用积累用户行为。类似地，平台一些新营销策略的试推广也不妨选取高探索用户进行测试。

第五，不同应用的探索唤起潜力不同。相较于热门应用，冷门应用具有更高的唤起潜力，也更受高探索用户的青睐。因此，重视冷门应用的推广，保持平台应用的规模和多样性，也是维系平台重要用户（高探索用户）的关键。

3.7 本章小结

本章研究通过挖掘和分析用户的探索心理和行为提高个性化推荐的质量，为推荐系统的研究提供了一个全新的角度。为了有效考虑探索心理的影响，笔者提出了一个全新的概率生成模型 GEM，该模型将混合高斯模型与话题模型结合起来，共同进行探索行为识别和用户偏好发现。同时引入一条马尔科夫依赖规则来考虑用户探索心理的影响。该模型综合利用用户选择序列和相似度序列信息进行探索行为的识别，并将其考虑到用户行为建模中，提高了个性化推荐的质量。具体来说，本研究得出了以下几点有意思的发现。

第一，考虑用户探索心理的影响的确有助于改善移动应用推荐的质量。本章提出的模型 GEM 在各个指标（AUC 和 Recall）上较之于传统推荐算法均呈现出明显的优势。而且，GEM 模型在解决应用推荐的稀疏性和长尾应用推荐问题上显示出较大的潜力。

第二，考虑相似度信息对于探索行为的识别大有裨益。此外，正确考虑推荐模型相似的含义，并相应地采用合适的相似度计算方法也极为关键。例如，对于 GEM 模型而言，simCoN 效果最好，因为其不仅考虑了共同选择，也通过名称相似的限制确保了同属于一个目标的应用具有功能相似性。

第三，GEM 模型还有较好的可解释性。一方面，该模型能有效地发现目标，属于同一个目标的应用呈现出较好的类别一致性和功能相似性；另一方面，GEM 模型采用生成模型的建模思路，从而较好地解释了用户下载过程中的潜在目标和探索机制。

第四，本研究从目标、用户和应用三个层面进行了探索行为的实证分析，得出了一些有意思的发现。例如，探索倾向高的用户喜欢寻求多样化、承担风险，并表现出更高的参与度。此外，冷门应用和评分低的应用具有更高的唤起潜力，更容易激发用户的探索行为。而且，应用类别也是一个影响探索唤起潜力的重要指标。

第4章　考虑涉入的推荐

4.1　引　　言

根据涉入理论,涉入指的是消费者内在感知的产品类型的重要性,这与消费者内在的需求、兴趣和价值取向有关[23]。不同产品类型引起消费者内心唤起水平的程度不同,往往分为高涉入消费行为和低涉入消费行为两种类型[82]。购买决策的涉入度往往直接影响消费者信息收集和信息处理的程度。具体来说,高涉入度的消费行为常常伴随着消费者主动、有意识地收集商品信息,细致地比较不同品牌之间的异同,并最终进行选择。与之不同,低涉入度的消费行为则通常很少涉及或几乎没有信息搜索和比较行为[23,88,89]。例如,消费者在购买汽车、家具等大件物品时,涉入程度往往高于购买食盐、纸巾等日用品。因而,可以通过消费过程中信息收集和处理的程度捕捉消费行为涉入度的高低。而且,消费涉入度的高低受产品特点的影响。一般来说,价格越高、品牌差异越大、越能反映用户情感诉求和身份象征的产品,越能引起高涉入度的购买行为。

对应到个性化推荐研究中,考虑决策过程的涉入度高低能更好地发现用户兴趣,从而提高推荐系统的质量。在移动应用推荐这一场景中,用户的信息搜集和信息处理反映在下载应用之前的浏览行为中。用户通过浏览移动应用的功能描述、界面截图、下载量、用户评价等信息,在同类手机应用之间进行选择和比较,从而下载最能满足用户需求和偏好的应用。接下来,通过两个用户下载移动应用的例子来说明考虑应用下载决策过程中的涉入程度对于精准识别用户兴趣的作用。假设两个用户有不同的兴趣且最后都下载了同一个应用,其中用户A有下载消除类游戏的兴趣,用户B有下载休闲类应用的兴趣,最后都下载了“开心消消乐”这一应用。如果单独考虑用户的下载行为,是难以区分两用户的不同兴趣的。但若把下载行为之前的用户浏览行为考虑进来则会有不同的发现。通过观察,发现用户A在下载“开心消消乐”之前,连续浏览了“冰雪消消乐”“钻石消消乐”“糖果消消乐”

等多个消除类游戏应用，可见该用户对于消除类游戏有很高的涉入度。而用户B则直接下载了“开心消消乐”应用，下载前没有浏览比较行为，可见该用户对于消除类游戏涉入度相对较低。因而，为了能够更为精确地识别用户的兴趣，有必要将用户下载之前的浏览行为考虑进来，识别用户下载决策的涉入度，结合浏览行为和下载行为更好地进行推荐。更进一步，考虑用户最近浏览行为还能更精确地捕捉用户当前的兴趣。假设一个用户正在频繁地浏览消除类游戏的应用，那么说明该用户当前兴趣集中在消除类游戏，一个好的推荐系统应该能及时捕捉到这一点并进行有效的推荐。

综上所述，从涉入理论的角度考虑用户浏览行为，不仅能更好地发现用户的整体兴趣偏好，也能在推荐阶段及时捕捉用户的当前兴趣。然而，如何在推荐方法设计中考虑用户涉入度高低的影响来提高推荐系统的质量却颇具挑战。为此，本研究至少需要回答以下三个问题。第一，用户的涉入度是潜在的、不可观测的，那么如何有效地识别用户下载决策的涉入度高低？第二，用户的兴趣是多种多样且不断变化的，如何发现用户的整体兴趣偏好和当前兴趣？第三，如何将用户涉入度的影响考虑到行为预测中，以提升推荐系统的质量？

为了解决以上问题，本研究创新性地提出一个考虑涉入的推荐模型IMAR，该模型结合浏览行为和下载行为识别用户涉入度和下载兴趣。同时，提出综合考虑用户整体兴趣和当前兴趣的推荐策略，基于用户最近浏览行为识别当前兴趣，考虑当前兴趣的涉入度进行应用推荐。本研究的创新点主要体现在同时结合浏览行为和下载行为，并借助涉入理论挖掘浏览行为对于下载兴趣识别和预测的作用，这是以往应用推荐研究中尚未涉及的。

4.2 问题定义

给定用户集合 $U=\{u_1,u_2,\cdots,u_M\}$ 和应用集合 $I=\{i_1,i_2,\cdots,i_V\}$，其中 M 表示用户数，V 表示应用数。每一个应用包含应用名称和类别等信息。用户在应用平台上的行为，例如应用下载行为和浏览行为，都记录在行为日志中。日志中的每一条记录包括用户编号、应用名称、行为类型（下载或浏览）、时间戳和应用类别，指示某用户在某个时间下载或浏览了某个应用。对于每一个用户，可以从用户的行为日志中抽取其应用下载序列（定义4.1）和浏览序列（定义4.2）。

定义4.1（下载序列）：一个用户的下载序列由该用户下载过的应用构

成，且按时间增序依次排列。正式地，用户 $u_m \in U(m=1,2,\cdots,M)$ 的下载序列可以记为 $D_m = \langle i_{m,1},\cdots,i_{m,n},\cdots,i_{m,N_m}\rangle$，其中 N_m 是用户 u_m 下载过的应用数，而 $i_{m,n} \in I$ 是用户 u_m 下载的第 n 个应用。

定义 4.2（浏览序列）：一个应用下载行为对应的浏览序列由该下载行为和前一个下载行为之间的被浏览的应用构成。正式地，将用户 u_m 下载第 n 个应用 $i_{m,n} \in D_m$ 对应的浏览序列记为 $B_{m,n} = \langle i_{m,n,1},\cdots,i_{m,n,s},\cdots,i_{m,n,N_{m,n}}\rangle$，其中 $N_{m,n}$ 是用户 u_m 下载第 $n-1$ 个应用 $i_{m,n-1} \in D_m$ 和下载第 n 个应用 $i_{m,n} \in D_m$ 之间浏览的应用数，而 $i_{m,n,s}$ 指的是在下载应用 $i_{m,n-1}$ 和 $i_{m,n}$ 之间浏览的第 s 个应用。

结合表 4.1，以一个用户的行为日志为例对定义 4.1 和定义 4.2 进行直观的解释。根据表 4.1 所示的用户行为日志，用户 1 的下载序列为〈糖果消消乐、优酷视频、开心消消乐〉。该用户下载“糖果消消乐”所对应的浏览序列为〈冰雪消消乐、开心消消乐、糖果消消乐〉，而下载“优酷视频”对应的浏览序列为空，因为在下载前一个应用“糖果消消乐”和当前应用“优酷视频”之间没有浏览行为。在本例中，用户的最近浏览行为由该用户在上一次下载之后浏览的应用构成，即“宝宝学数学”和“宝宝学英语”。

表 4.1 一个用户的应用行为日志

用户编号	应用名称	行为类型	时间戳	应用类别
1	冰雪消消乐	浏览	2015-11-15	休闲游戏
1	开心消消乐	浏览	2015-11-15	休闲游戏
1	糖果消消乐	浏览	2015-11-15	休闲游戏
1	糖果消消乐	下载	2015-11-15	休闲游戏
1	优酷视频	下载	2015-11-20	影音视听
1	全能播放器	浏览	2015-11-21	影音视听
1	开心消消乐	下载	2015-12-03	休闲游戏
1	宝宝学数学	浏览	2015-12-06	教育学习
1	宝宝学英语	浏览	2015-12-06	教育学习

接下来给出本章研究问题的形式化定义。给定移动应用平台的应用集合 I，用户集合 U，所有用户的下载序列 $\bigcup_{m=1}^{M} D_m$，所有下载对应的浏览序列 $\bigcup_{m=1}^{M}\bigcup_{n=1}^{N_m} B_{m,n}$，以及用户的最近浏览行为 $\bigcup_{m=1}^{M} \boldsymbol{b}_m$（用户上一次下载后浏览的应用），预测用户 $u_m \in U$ 下载应用 $i \in I$ 的概率。一旦有了这些概率，下载

概率高的应用将被推荐给用户。

4.3 IMAR 模型

IMAR 模型是考虑用户涉入的应用推荐模型(involvement-enhanced mobile App recommendation)。接下来,首先介绍 IMAR 模型的建模思想和生成过程,然后给出基于吉布斯采样的参数学习方法。

4.3.1 模型设计

IMAR 模型是在话题模型 LDA 的基础上,考虑用户涉入的影响,以更好地识别用户兴趣,提高推荐精度。因而,该模型在设计上需要实现两个目标。其一是如何识别用户下载决策的涉入度高低。这部分主要通过区分用户下载决策前的浏览行为强度进行识别,因为涉入度高的决策行为往往伴随着高强度的信息浏览、处理和比较[23,88,89]。其二是如何将用户涉入度的识别和兴趣发现结合起来。根据涉入理论,用户涉入度受应用特点的影响,不同应用唤起用户涉入的程度不同[23,96,97]。在话题模型中,兴趣可以表示成应用空间的多项分布,因而不同的兴趣也具有不同的涉入度分布。所以,发现用户下载决策中的涉入度能够更精准地识别用户兴趣。接下来,首先简要介绍 LDA 模型,然后具体介绍 IMAR 模型如何实现涉入度识别和兴趣发现两个目标。

在话题模型 LDA 中,用户下载手机应用的行为是受兴趣驱使的[65]。每个用户被表示成一个兴趣空间的多项分布。具体来说,用户 $u_m(m=1,2,\cdots,M)$的兴趣分布被定义成一个 K 维的概率分布向量,用参数$\boldsymbol{\theta}_m$ 表示,每一个维度 θ_m^k 表示该用户下载行为出于兴趣 k 的概率。参数$\boldsymbol{\theta}_m$ 是通过 K 维狄利克雷超参数$\boldsymbol{\alpha}$ 生成,即$\boldsymbol{\theta}_m \sim \mathrm{Dir}(\boldsymbol{\alpha})$。每一个兴趣可以表示成应用空间的多项分布。具体来说,兴趣 k ($k=1,2,\cdots,K$) 可以定义成 V 维的多项分布,用参数$\boldsymbol{\varphi}_k$ 表示,每一维 φ_k^i 表示用户出于兴趣 k 下载应用 i 的概率。如图 4.1 所示,应用下载行为 $i_{m,n}$ 的生成包含两个阶段:首先,基于用户 u_m 的兴趣分布生成兴趣 $z_{m,n}$,即 $z_{m,n} \sim \mathrm{Multi}(\boldsymbol{\theta}_m)$;然后,基于当前的兴趣 $z_{m,n}$,从该兴趣的应用分布生成应用,即 $i_{m,n} \sim \mathrm{Multi}(\boldsymbol{\varphi}_{z_{m,n}})$,参数$\boldsymbol{\theta}$ 和$\boldsymbol{\varphi}$ 可以通过可观测的下载序列进行学习[118]。基于学得的模型参数,用户$\boldsymbol{u}_m$ 下载应用 i 的概率可以根据公式(4.1)计算。

$$p(i \mid \boldsymbol{u}_m)=\sum_{k=1}^{K}\theta_m^k\varphi_k^i \tag{4.1}$$

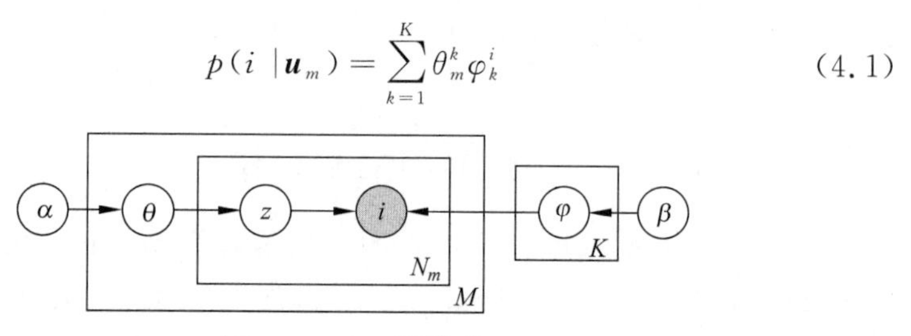

图 4.1 LDA 图模型

以上 LDA 模型仅仅基于下载行为识别用户兴趣，并基于用户的兴趣分布进行推荐。然而，用户下载决策前的浏览行为反映了用户的决策过程，对于下载行为预测也是至关重要的。用户在下载手机应用之前，常常通过浏览应用相关信息，如功能描述、应用界面截图、下载量、评分和用户评价等，在不同应用之间进行比较和选择。可见，应用下载前的浏览行为强度反映了用户在应用下载决策中信息收集和处理的强度，也是用户涉入度在行为上的直观反映[95]。用户在下载某个应用前通常在同类应用之间进行比较，因而通过应用类别限制应用下载的比较集，并在此基础上定义浏览强度，如定义 4.3 所示。

定义 4.3（浏览强度）：某个应用下载行为的比较集由属于该下载行为对应的浏览序列中，与该下载应用属于同一类别的应用构成。而应用下载的浏览强度则是该应用下载行为所对应的比较集的大小。

回到表 4.1 所示的例子，下载“糖果消消乐”之前浏览序列是〈冰雪消消乐、开心消消乐、糖果消消乐〉，它们都属于“休闲游戏”的类别，因而下载“糖果消消乐”的浏览强度为 3。而下载“优酷视频”的浏览强度为 0，因为下载之前没有浏览任何同类应用。可见，用户下载行为对应的浏览强度有高有低，有的下载行为之前用户会在多个同类应用之间进行比较，伴随着大量的浏览行为，浏览强度较高；也有的下载行为之前没有或很少出现同类应用之间的比较行为，浏览强度很低。据此，可以将浏览强度 f 离散化成 F 个区间（$f=1,2,\cdots,F$），每个区间表示一定的浏览强度水平。

根据涉入理论，用户的浏览行为是受内在涉入度驱动的[95,100,119]。高涉入度会激发用户在下载之前广泛的探索和比较行为，展示出高浏览强度；而低涉入度则更有可能导致低浏览强度。因而，尽管用户下载决策的涉入度是不可观测的，但它反映在下载之前的浏览行为中，可以通过浏览强度识别用户涉入度。为此，将用户涉入度 e（$e=1,2,\cdots,E$）定义成 F 个浏览强度水平上的多项分布，用参数$\boldsymbol{\pi}_e$表示。具体来说，$\boldsymbol{\pi}_e$是一个F维度的概率分布向量，每一维度的概率π_e^f表示涉入度e产生浏览强度f的概率。参数$\boldsymbol{\pi}_e$是通过F维狄利克雷函数超参数$\boldsymbol{\varepsilon}$生成的，即$\boldsymbol{\pi}_e \sim \mathrm{Dir}(\boldsymbol{\varepsilon})$。

不同的应用会引发不同程度的用户涉入。例如，游戏应用较之于功能性应用更容易引发用户涉入，这主要是由游戏应用的高娱乐价值和情感吸引力导致的[119]。考虑到兴趣是应用空间的一个概率分布，不同的兴趣也会导致不同的涉入度。例如，一个以游戏类应用为主的兴趣比以功能类应用为主的兴趣更容易引起用户涉入。因此，兴趣也可以表示成不同涉入度水平上的分布。正式地，对于兴趣k ($k=1,2,\cdots,K$)可以定义成E个涉入度水平上的多项分布，用参数$\boldsymbol{\lambda}_k$表示。具体来说，参数$\boldsymbol{\lambda}_k$是一个E维概率分布向量，每一个维度λ_k^e表示兴趣k引发涉入度水平e的概率。参数$\boldsymbol{\lambda}_k$是通过E维狄利克雷函数超参数$\boldsymbol{\tau}$生成的，即$\boldsymbol{\lambda}_k \sim \mathrm{Dir}(\boldsymbol{\tau})$。

在介绍了浏览强度和涉入度后，正式提出 IMAR 模型，如图 4.2 所示。整体来说，最外层的方框表示M个用户，里面的方框表示用户重复的一次下载行为对应的兴趣($z\in\{1,2,\cdots,K\}$)、应用编号($i\in I$)、涉入度水平($e\in\{1,2\}$)和浏览强度水平($f\in\{1,2,\cdots,F\}$)。其中，有阴影的变量i和f是可观测的，其他变量是不可观测的。图 4.2 左半部分基于用户兴趣产生应用下载行为，这与基于 LDA 的应用推荐模型假设一致[66]。图 4.2 右半部分基于浏览强度发现用户涉入度。其理论依据是用户的浏览行为是受内在涉入度驱动的[100,119]，高涉入度会引发高浏览强度，而低涉入度则导致低浏览强度。图 4.2 左右两个部分通过链接$z\rightarrow e$连接起来，因为不同兴趣有不同的涉入度分布，从而实现了综合用户下载行为和浏览强度发现用户兴趣。涉入度的识别和结合涉入度发现用户兴趣，是 IMAR 模型的主要创新点所在。

图 4.3 展示了 IMAR 模型的生成过程。1～3 行是生成每一个兴趣k的应用分布$\boldsymbol{\varphi}_k$和涉入度分布$\boldsymbol{\lambda}_k$。4～5 行是生成每一个涉入度e的浏览强度分布$\boldsymbol{\pi}_e$。6～12 行是用户每个下载行为所对应的应用和浏览强度的生成过程。首先，就每个用户u_m生成兴趣分布$\boldsymbol{\theta}_m$。接着，对于该用户的第n个应用下载行为，根据该用户的兴趣分布生成下载兴趣，即$z_{m,n} \sim \mathrm{Multi}(\boldsymbol{\theta}_m)$。然后基于当前兴趣$z_{m,n}$生成要下载的应用，即$i_{m,n} \sim \mathrm{Multi}(\boldsymbol{\varphi}_{z_{m,n}})$；同时，也根据当前兴趣$z_{m,n}$所对应的涉入度分布产生涉入度，即$e_{m,n} \sim \mathrm{Multi}(\boldsymbol{\lambda}_{z_{m,n}})$。最后，基于当前涉入度所对应的浏览强度分布生成浏览强度，即$f_{m,n} \sim \mathrm{Multi}(\boldsymbol{\pi}_{e_{m,n}})$。

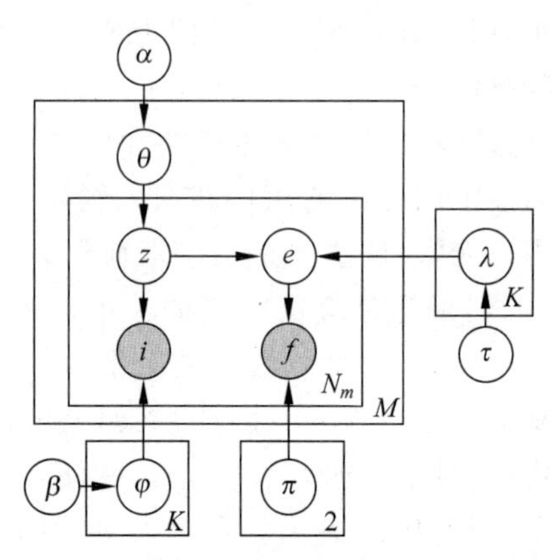

图 4.2　IMAR 图模型

1	**for** 每一个兴趣 $k=1,2,\cdots,K$
2	生成 $\boldsymbol{\varphi}_k \sim \text{Dirichlet}(\boldsymbol{\beta})$
3	生成 $\boldsymbol{\lambda}_k \sim \text{Dirichlet}(\boldsymbol{\tau})$
4	**for** 每一个涉入度 $e=1,2,\cdots,E$
5	生成 $\boldsymbol{\pi}_e \sim \text{Dirichlet}(\boldsymbol{\varepsilon})$
6	**for** 每一个用户 $u_m, m=1,2,\cdots,M$
7	生成 $\boldsymbol{\theta}_m \sim \text{Dirichlet}(\boldsymbol{\alpha})$
8	**for** 用户 u_m 的第 n 个应用下载行为，其中 $n=1,2,\cdots,N_m$
9	生成兴趣 $z_{m,n} \sim \text{Multi}(\boldsymbol{\theta}_m)$
10	生成应用 $i_{m,n} \sim \text{Multi}(\boldsymbol{\varphi}_{z_{m,n}})$
11	生成涉入度 $e_{m,n} \sim \text{Multi}(\boldsymbol{\lambda}_{z_{m,n}})$
12	生成浏览强度 $f_{m,n} \sim \text{Multi}(\boldsymbol{\pi}_{e_{m,n}})$

图 4.3　IMAR 生成过程算法描述

4.3.2　参数学习

本节介绍如何根据可观测的下载和浏览行为学习模型参数。首先学习所有下载行为 $i_{m,n}(m=1,2,\cdots,M$ 和 $n=1,2,\cdots,N_m)$ 对应的隐变量，包括兴趣 $\boldsymbol{z}=(z_{m,n})$ 和涉入度 $\boldsymbol{e}=(e_{m,n})$。为了估计这些隐变量，关键的问题是如何推断概率分布 $p(\boldsymbol{z},\boldsymbol{e}\mid\boldsymbol{i},\boldsymbol{f},\boldsymbol{\alpha},\boldsymbol{\beta},\boldsymbol{\tau},\boldsymbol{\varepsilon})$，即给定应用下载序列 $\boldsymbol{i}=(i_{m,n})$，浏览强度 $\boldsymbol{f}=(f_{m,n})$ 和超参数 $\boldsymbol{\alpha},\boldsymbol{\beta},\boldsymbol{\tau},\boldsymbol{\varepsilon}$ 的情况下兴趣和涉入度的条件概率分布。假设兴趣 $z_{m,n}$ 有 K 种可能取值，$e_{m,n}$ 有 E 种可能取值，那么 $(\boldsymbol{z},\boldsymbol{e})$ 有 $(KE)^{\sum_{m=1}^{M}N_m}$ 种可能取值组合。如此大的取值空间使得 $p(\boldsymbol{z},\boldsymbol{e}\mid\boldsymbol{i},$

$\boldsymbol{f},\boldsymbol{\alpha},\boldsymbol{\beta},\boldsymbol{\tau},\boldsymbol{\varepsilon}$)的概率难以直接推断。为了解决这一问题,本章提出基于吉布斯采样框架的参数学习算法[118]。

吉布斯采样适合高维概率分布的推断,它在限定其他维度取值不变的情况下,一次采样一个维度[118]。在本研究中,一个维度指的是一次下载行为对应的兴趣 $z_{m,n}$ 或一个涉入度水平 $e_{m,n}$。为此,需要估计条件概率 $p(z_{m,n}|\boldsymbol{z}_{-(m,n)},\boldsymbol{i},\boldsymbol{e},\boldsymbol{f},\boldsymbol{\alpha},\boldsymbol{\beta},\boldsymbol{\tau},\boldsymbol{\varepsilon})$ 和 $p(e_{m,n}|\boldsymbol{e}_{-(m,n)},\boldsymbol{i},\boldsymbol{z},\boldsymbol{f},\boldsymbol{\alpha},\boldsymbol{\beta},\boldsymbol{\tau},\boldsymbol{\varepsilon})$,其中向量 $\boldsymbol{z}_{-(m,n)}$ 是向量 $\boldsymbol{z}$ 去掉 $z_{m,n}$ 后的剩下维度构成,$\boldsymbol{e}_{-(m,n)}$ 是向量 $\boldsymbol{e}$ 去掉 $e_{m,n}$ 后的剩下维度构成。根据公式(4.2)和公式(4.3)可知,$p(z_{m,n}|\boldsymbol{z}_{-(m,n)},\boldsymbol{i},\boldsymbol{e},\boldsymbol{f},\boldsymbol{\alpha},\boldsymbol{\beta},\boldsymbol{\tau},\boldsymbol{\varepsilon})$ 和 $p(e_{m,n}|\boldsymbol{e}_{-(m,n)},\boldsymbol{i},\boldsymbol{z},\boldsymbol{f},\boldsymbol{\alpha},\boldsymbol{\beta},\boldsymbol{\tau},\boldsymbol{\varepsilon})$ 都正比于联合概率 $p(\boldsymbol{z},\boldsymbol{e},\boldsymbol{i},\boldsymbol{f}|\boldsymbol{\alpha},\boldsymbol{\beta},\boldsymbol{\tau},\boldsymbol{\varepsilon})$:

$$p(z_{m,n}|\boldsymbol{z}_{-(m,n)},\boldsymbol{e},\boldsymbol{i},\boldsymbol{f},\boldsymbol{\alpha},\boldsymbol{\beta},\boldsymbol{\tau},\boldsymbol{\varepsilon})=\frac{p(\boldsymbol{z},\boldsymbol{e},\boldsymbol{i},\boldsymbol{f}\mid\boldsymbol{\alpha},\boldsymbol{\beta},\boldsymbol{\tau},\boldsymbol{\varepsilon})}{p(\boldsymbol{z}_{-(m,n)},\boldsymbol{e},\boldsymbol{i},\boldsymbol{f}\mid\boldsymbol{\alpha},\boldsymbol{\beta},\boldsymbol{\tau},\boldsymbol{\varepsilon})}\propto p(\boldsymbol{z},\boldsymbol{e},\boldsymbol{i},\boldsymbol{f}\mid\boldsymbol{\alpha},\boldsymbol{\beta},\boldsymbol{\tau},\boldsymbol{\varepsilon}) \tag{4.2}$$

$$p(e_{m,n}|\boldsymbol{e}_{-(m,n)},\boldsymbol{z},\boldsymbol{i},\boldsymbol{f},\boldsymbol{\alpha},\boldsymbol{\beta},\boldsymbol{\tau},\boldsymbol{\varepsilon})=\frac{p(\boldsymbol{z},\boldsymbol{e},\boldsymbol{i},\boldsymbol{f}\mid\boldsymbol{\alpha},\boldsymbol{\beta},\boldsymbol{\tau},\boldsymbol{\varepsilon})}{p(\boldsymbol{e}_{-(m,n)},\boldsymbol{z},\boldsymbol{i},\boldsymbol{f}\mid\boldsymbol{\alpha},\boldsymbol{\beta},\boldsymbol{\tau},\boldsymbol{\varepsilon})}\propto p(\boldsymbol{z},\boldsymbol{e},\boldsymbol{i},\boldsymbol{f}\mid\boldsymbol{\alpha},\boldsymbol{\beta},\boldsymbol{\tau},\boldsymbol{\varepsilon}) \tag{4.3}$$

由此推断联合概率公式,根据图4.2所示的IMAR图模型,联合概率公式 $p(\boldsymbol{z},\boldsymbol{e},\boldsymbol{i},\boldsymbol{f}|\boldsymbol{\alpha},\boldsymbol{\beta},\boldsymbol{\tau},\boldsymbol{\varepsilon})$ 可以表达成公式(4.4)。

$$\begin{aligned}p(\boldsymbol{z},\boldsymbol{e},\boldsymbol{i},\boldsymbol{f}\mid\boldsymbol{\alpha},\boldsymbol{\beta},\boldsymbol{\tau},\boldsymbol{\varepsilon})&=\iiiint p(\boldsymbol{z},\boldsymbol{i},\boldsymbol{e},\boldsymbol{f},\boldsymbol{\theta},\boldsymbol{\varphi},\boldsymbol{\lambda},\boldsymbol{\pi}\mid\boldsymbol{\alpha},\boldsymbol{\beta},\boldsymbol{\tau},\boldsymbol{\varepsilon})\mathrm{d}\boldsymbol{\theta}\mathrm{d}\boldsymbol{\varphi}\mathrm{d}\boldsymbol{\lambda}\mathrm{d}\boldsymbol{\pi}\\&=\int p(\boldsymbol{z}\mid\boldsymbol{\theta})p(\boldsymbol{\theta}\mid\boldsymbol{\alpha})\mathrm{d}\boldsymbol{\theta}\int p(\boldsymbol{i}\mid\boldsymbol{\varphi},\boldsymbol{z})p(\boldsymbol{\varphi}\mid\boldsymbol{\beta})\mathrm{d}\boldsymbol{\varphi}\times\\&\quad\int p(\boldsymbol{e}\mid\boldsymbol{\lambda},\boldsymbol{z})p(\boldsymbol{\lambda}\mid\boldsymbol{\tau})\mathrm{d}\boldsymbol{\lambda}\int p(\boldsymbol{f}\mid\boldsymbol{\pi},\boldsymbol{e})p(\boldsymbol{\pi}\mid\boldsymbol{\varepsilon})\mathrm{d}\boldsymbol{\pi}\end{aligned} \tag{4.4}$$

用密度函数替换公式(4.4)中的概率项,消去参数 $\boldsymbol{\theta},\boldsymbol{\varphi},\boldsymbol{\lambda},\boldsymbol{\pi}$ 并进行一定的数学变换,得到兴趣 $z_{m,n}$ 和涉入度 $e_{m,n}$ 的采样公式,即公式(4.5)。详细推导过程见附录B。

$$\begin{aligned}&p(z_{m,n}|\boldsymbol{z}_{-(m,n)},\boldsymbol{e},\boldsymbol{i},\boldsymbol{f},\boldsymbol{\alpha},\boldsymbol{\beta},\boldsymbol{\tau},\boldsymbol{\varepsilon})\propto\\&\quad(\alpha_{z_{m,n}}+c^{-(m,n)}_{m,z_{m,n},*,*,*})\frac{\beta_{i_{m,n}}+c^{-(m,n)}_{*,z_{m,n},i_{m,n},*,*}}{\sum_{i=1}^{V}\beta_i+c^{-(m,n)}_{*,z_{m,n},i,*,*}}\frac{\tau_{e_{m,n}}+c^{-(m,n)}_{*,z_{m,n},*,e_{m,n},*}}{\sum_{e=1}^{E}\tau_e+c^{-(m,n)}_{*,z_{m,n},*,e,*}}\end{aligned} \tag{4.5}$$

$$p(e_{m,n} \mid \boldsymbol{e}_{-(m,n)}, \boldsymbol{z}, \boldsymbol{i}, \boldsymbol{f}, \boldsymbol{\alpha}, \boldsymbol{\beta}, \boldsymbol{\tau}, \boldsymbol{\varepsilon}) \propto$$

$$(\tau_{e_{m,n}} + c^{-(m,n)}_{*,z_{m,n},*,e_{m,n},*}) \frac{\varepsilon_{f_{m,n}} + c^{-(m,n)}_{*,*,*,e_{m,n},f_{m,n}}}{\sum_{f=1}^{F} \varepsilon_f + c^{-(m,n)}_{*,*,*,e_{m,n},f}} \tag{4.6}$$

在公式(4.5)和公式(4.6)中,$c_{m,z,i,e,f}$ 定义为用户 u_m 出于兴趣 z、涉入度为 e 和浏览强度为 f 的情况下下载应用 i 的次数。记号 * 表示某一个维度的加和。例如,$c_{m,z,*,*,*}$ 表示用户 u_m 出于兴趣 z 下载应用的次数,不考虑特定的应用、涉入度和浏览强度。记号 $-(m,n)$ 表示不考虑用户 u_m 的第 n 次下载 $i_{m,n}$。例如,$c^{-(m,n)}_{m,z,*,*,*}$ 表示用户 u_m 除第 n 次下载之外,出于兴趣 z 下载应用的次数。根据公式(4.5)可知,兴趣 $z_{m,n}$ 的采样公式既包含下载行为 $i_{m,n}$(第二项),又包含涉入度 $e_{m,n}$(第三项)。因而,公式(4.5)表明 IMAR 模型综合考虑了用户的下载和浏览行为来发现用户兴趣。

接下来介绍如何估计参数 $\boldsymbol{\theta}, \boldsymbol{\varphi}, \boldsymbol{\lambda}, \boldsymbol{\pi}$。鉴于每一个参数都是有狄利克雷先验的多项分布,可以根据狄利克雷-多项分布共轭的特性来估计这些参数[118]。具体来说,模型参数 $\boldsymbol{\theta}, \boldsymbol{\varphi}, \boldsymbol{\lambda}, \boldsymbol{\pi}$ 的估计公式如下所示:

$$\theta_m^k = \frac{\alpha_k + c_{m,k,*,*,*}}{\sum_{k=1}^{K} \alpha_k + c_{m,k,*,*,*}}, \tag{4.7}$$

$$\varphi_k^i = \frac{\beta_i + c_{*,k,i,*,*}}{\sum_{i=1}^{V} \beta_i + c_{*,k,i,*,*}}, \tag{4.8}$$

$$\lambda_k^e = \frac{\tau_e + c_{*,k,*,e,*}}{\sum_{e=1}^{2} \tau_e + c_{*,k,*,e,*}}, \tag{4.9}$$

$$\pi_e^f = \frac{\varepsilon_f + c_{*,*,*,e,f}}{\sum_{f=1}^{F} \varepsilon_f + c_{*,*,*,e,f}}, \tag{4.10}$$

其中 $m=1,2,\cdots,M, k=1,2,\cdots,K, e=1,2,\cdots,E, f=1,2,\cdots,F, i\in I$。

了解了 IMAR 模型参数估计的公式后,下面具体介绍该模型参数学习的算法。如图 4.4 所示,该算法首先对隐变量 $z_{m,n}$ 和 $e_{m,n}$ 进行随机初始化(第 1 行)。接下来,算法第 3~7 行是一个迭代过程。该迭代过程首先根据公式(4.5)和公式(4.6)更新 $z_{m,n}$ 和 $e_{m,n}$ 的取值,然后根据公式(4.7)~公式(4.10)计算参数 $\boldsymbol{\theta}, \boldsymbol{\varphi}, \boldsymbol{\lambda}, \boldsymbol{\pi}$。迭代过程中止的条件是混乱度 Perp($\boldsymbol{i}$)和 Perp($\boldsymbol{f}$)都达到收敛。混乱度衡量了模型拟合观测数据的能力[118]。在本研究中,Perp($\boldsymbol{i}$)和Perp($\boldsymbol{f}$)分别衡量了IMAR模型拟合应用下载($\boldsymbol{i}$)和浏览强度($\boldsymbol{f}$)的能力。具体来说,Perp($\boldsymbol{i}$)和Perp($\boldsymbol{f}$)的计算公式如下所示:

$$\mathrm{Perp}(\boldsymbol{i})=\exp\left(-\frac{\sum_{m=1}^{M}\sum_{n=1}^{N_m}\log P(i_{m,n})}{\sum_{m=1}^{M}N_m}\right),\tag{4.11}$$

$$\mathrm{Perp}(\boldsymbol{f})=\exp\left(-\frac{\sum_{m=1}^{M}\sum_{n=1}^{N_m}\log P(f_{m,n})}{\sum_{m=1}^{M}N_m}\right),\tag{4.12}$$

其中$\log P(i_{m,n})$和$\log P(f_{m,n})$分别对应应用下载$i_{m,n}$和浏览强度$f_{m,n}$的对数似然度。根据IMAR所示的图模型,$\log P(i_{m,n})$和$\log P(f_{m,n})$的计算公式如下所示:

$$\log P(i_{m,n})=\log\left(\sum_{k=1}^{K}\theta_m^k\varphi_k^{i_{m,n}}\right)\tag{4.13}$$

$$\log P(f_{m,n})=\log\left(\sum_{k=1}^{K}\theta_m^k\sum_{e=1}^{E}\lambda_k^e\pi_e^{f_{m,n}}\right)\tag{4.14}$$

输入:可观测下载序列$\boldsymbol{i}$,可观测浏览强度$\boldsymbol{f}$,超参数$\boldsymbol{\alpha}$,$\boldsymbol{\beta}$,$\boldsymbol{\tau}$,$\boldsymbol{\varepsilon}$,K

输出:参数估计结果$\boldsymbol{z}$,$\boldsymbol{e}$,$\boldsymbol{\theta}$,$\boldsymbol{\varphi}$,$\boldsymbol{\lambda}$,$\boldsymbol{\pi}$

```
1  随机初始化 z_{m,n} 和 e_{m,n},其中 m=1,2,…,M 和 n=1,2,…,N_m
2  do
3      for m=1,2,…,M
4          for n=1,2,…,N_m
5              根据公式(4.5)所示分布采样 z_{m,n}
6              根据公式(4.6)所示分布采样 e_{m,n}
7      根据公式(4.7)~公式(4.10)估计参数 θ,φ,λ,π
8  until Perp(i) 和 Perp(f)都收敛
9  输出 z,e,θ,φ,λ,π 的结果
```

图4.4　IMAR参数学习算法描述

4.4　推荐方法

上一节所介绍的参数学习算法所学到的$\boldsymbol{\theta}_m$展示了用户的整体兴趣分布,而用户最近浏览行为则揭示了用户的当前兴趣。一个有效的推荐策略

应该能综合考虑用户的整体兴趣和当前兴趣。本节首先介绍如何根据用户近期浏览行为学习该用户的当前兴趣，然后给出如何结合整体兴趣和当前兴趣进行移动应用推荐的策略。

令$\boldsymbol{b}_m=\langle i_{m,1},\cdots,i_{m,j},\cdots,i_{m,J_m}\rangle$表示用户$u_m$最近浏览行为，其中$i_{m,j}\in I$是用户$u_m$的第$j$个浏览行为，且$j=1,2,\cdots,J_m$。以表4.1为例，用户1的最近浏览序列记为$\boldsymbol{b}_1=\langle$宝宝学数学、宝宝学英语$\rangle$。令$\boldsymbol{b}$表示所有用户的最近浏览序列的集合，即$\boldsymbol{b}=\bigcup_m \boldsymbol{b}_m$。目标是根据最近浏览序列$\boldsymbol{b}_m$推导出最近兴趣序列$\boldsymbol{x}_m=\langle x_{m,1},\cdots,x_{m,j},\cdots,x_{m,J_m}\rangle$，其中$x_{m,j}\in\{1,2,\cdots,K\}$是一个兴趣。类似地，基于吉布斯采样的框架，在给定其他维度不变的情况下，迭代地更新每一个维度$x_{m,j}$。具体来说，需要计算概率$p(x_{m,j}\mid\boldsymbol{x}_{-(m,j)},\boldsymbol{b},\boldsymbol{z},\boldsymbol{i},\boldsymbol{\alpha},\boldsymbol{\beta})$，其中向量$\boldsymbol{x}_{-(m,j)}$由向量$\boldsymbol{x}$去除$x_{m,j}$的剩下维度构成，且$\boldsymbol{x}=\bigcup_m \boldsymbol{x}_m$，其中$m=1,2,\cdots,M$，$j=1,2,\cdots,J_m$。比较此处$p(x_{m,j}\mid\boldsymbol{x}_{-(m,j)},\boldsymbol{b},\boldsymbol{z},\boldsymbol{i},\boldsymbol{\alpha},\boldsymbol{\beta})$和公式(4.5)所示的$p(z_{m,n}\mid\boldsymbol{z}_{-(m,n)},\boldsymbol{e},\boldsymbol{i},\boldsymbol{f},\boldsymbol{\alpha},\boldsymbol{\beta},\boldsymbol{\tau},\boldsymbol{\varepsilon})$，不难发现$x_{m,j}$和$z_{m,n}$都是兴趣。然而，整体兴趣$z_{m,n}$与当前兴趣$x_{m,j}$的不同点在于，前者与浏览强度$\boldsymbol{f}$有关而后者无关，这主要是因为当前兴趣$x_{m,j}$是从最近浏览序列学习得到的，而浏览强度$\boldsymbol{f}$是针对下载行为而非浏览行为定义的。因此，可以通过变换公式(4.5)，相应地得到$p(x_{m,j}\mid\boldsymbol{x}_{-(m,j)},\boldsymbol{b},\boldsymbol{z},\boldsymbol{i},\boldsymbol{\alpha},\boldsymbol{\beta})$的采样公式，如下所示：

$$p(x_{m,j}\mid\boldsymbol{x}_{-(m,j)},\boldsymbol{b},\boldsymbol{z},\boldsymbol{i},\boldsymbol{\alpha},\boldsymbol{\beta})\propto$$
$$(\alpha_{x_{m,j}}+d_{m,x_{m,j},*}^{-(m,j)})\frac{\beta_{i_{m,j}}+c_{*,x_{m,j},i_{m,j},*,*}+d_{*,x_{m,j},i_{m,j}}^{-(m,j)}}{\sum_{i=1}^{V}\beta_i+c_{*,x_{m,j},i,*,*}+d_{*,x_{m,j},i}^{-(m,j)}}\tag{4.15}$$

其中$d_{m,x_{m,j},*}^{-(m,j)}$表示除$\boldsymbol{b}_m$中第j个浏览行为以外，用户u_m出于兴趣$x_{m,j}$浏览的应用个数；$c_{*,x_{m,j},i_{m,j},*,*}$表示所有下载行为中出于兴趣$x_{m,j}$下载应用$i_{m,j}$的次数；$d_{*,x_{m,j},i_{m,j}}^{-(m,j)}$表示除$\boldsymbol{b}_m$中第$j$个浏览行为以外，所有用户出于兴趣$x_{m,j}$浏览应用$i_{m,j}$的次数。①

① 当将本章的推荐模型用于实际推荐任务时，公式(4.15)第二项$\left(\text{即}\ \frac{\beta_{i_{m,j}}+c_{*,x_{m,j},i_{m,j},*,*}+d_{*,x_{m,j},i_{m,j}}^{-(m,j)}}{\sum_{i=1}^{V}\beta_i+c_{*,x_{m,j},i,*,*}+d_{*,x_{m,j},i}^{-(m,j)}}\right)$可以用模型学习阶段由公式(4.8)中计算得到的$\varphi_{x_{m,j},i_{m,j}}$来近似。该做法与文献[118]一致，且能大大加快推荐速度。

图 4.5 展示了基于最近浏览行为 $\boldsymbol{b}$ 学习最近兴趣序列 $\boldsymbol{x}$ 的算法。该算法首先随机初始化隐变量 $x_{m,j}$，然后根据公式(4.15)迭代式更新 $x_{m,j}$ 的取值直到收敛。一旦该算法得到了用户的最近兴趣序列 $\boldsymbol{x}_m=\langle x_{m,1},\cdots,x_{m,j},\cdots,x_{m,J_m}\rangle$，用户的当前兴趣 $\tilde{x}$ 则是 $\boldsymbol{x}_m$ 的最后一个兴趣，即 $\tilde{x}=x_{m,J_m}$。

输入：可观测的下载序列 $\boldsymbol{i}$，可观测的最近浏览序列 $\boldsymbol{b}$，兴趣 $\boldsymbol{z}$，K，$\boldsymbol{\alpha}$，$\boldsymbol{\beta}$

输出：最近兴趣序列 $\boldsymbol{x}$

1　随机初始化 $x_{m,j}$，其中 $m=1,2,\cdots,M$ 和 $j=1,2,\cdots,J_m$
2　**do**
3　　　**for** $m=1,2,\cdots,M$
4　　　　　**for** $j=1,2,\cdots,J_m$
5　　　　　　　根据公式(4.15)所示分布采样 $x_{m,j}$
6　**until** Perp($\boldsymbol{b}$)收敛
7　输出 $\boldsymbol{x}$ 估计结果

图 4.5　最近兴趣序列学习算法

在学得用户的当前兴趣后，正式给出推荐策略中的概率计算公式。公式(4.16)给出了在给定该用户当前兴趣 $\tilde{x}$ 和整体兴趣 $\boldsymbol{\theta}_m$ 的情况下，如何计算用户 u_m 下载应用 i 的概率：

$$p(i\mid\tilde{x},\boldsymbol{\theta}_m)=\lambda_{\tilde{x}}^{\mathrm{H}}\varphi_{\tilde{x}}^{i}+\lambda_{\tilde{x}}^{\mathrm{L}}\sum_{k=1}^{K}\theta_m^k\varphi_k^i, \tag{4.16}$$

在公式(4.16)中，$\lambda_{\tilde{x}}^{\mathrm{H}}$ 指当前兴趣 $\tilde{x}$ 处于高涉入态的概率，$\lambda_{\tilde{x}}^{\mathrm{L}}$ 指当前兴趣 $\tilde{x}$ 处于低涉入态的概率。$\varphi_{\tilde{x}}^{i}$ 和 φ_k^i 分别对应出于兴趣 $\tilde{x}$ 和兴趣 k 下载应用 i 的概率，而 θ_m^k 指的是用户 u_m 出于整体兴趣 k 下载应用的概率。参数 $\lambda_{\tilde{x}}^{\mathrm{H}}$，$\lambda_{\tilde{x}}^{\mathrm{L}}$，$\varphi_{\tilde{x}}^{i}$，$\varphi_k^i$ 和 θ_m^k 可以根据图 4.4 中算法学习得到。此处遵循考虑高涉入态和低涉入态($E=2$)的惯常做法[82]。涉入态 e 的高低根据其浏览强度分布 $\boldsymbol{\pi}_e$ 来判断，更多地集中在高浏览强度的涉入态为高涉入态，而集中在低浏览强度的则为低涉入态。

根据涉入理论[97,120]，高涉入度的兴趣更容易导致用户专注于该兴趣；该用户会反复浏览和比较该兴趣下的多个应用，并最终选择该兴趣下的应用下载。因此，如果一个用户的当前兴趣处于高涉入态，那么一个有效的推荐策略是根据该用户的当前兴趣进行推荐，即 $\varphi_{\tilde{x}}^{i}$。在该研究中，当前兴趣 $\tilde{x}$ 处于高涉入态的概率是 $\lambda_{\tilde{x}}^{\mathrm{H}}$。因而用 $\lambda_{\tilde{x}}^{\mathrm{H}}\varphi_{\tilde{x}}^{i}$[公式(4.16)第一项]来对用户当前兴趣对其下载决策的影响建模。相对而言，低涉入态的兴趣则是不稳定的、易于变化的[121,122]。因此,如果一个用户的当前兴趣处于低涉入态,那么该用户可能转移到其他兴趣,并最终下载不属于当前兴趣的应用。因此,当用户当前兴趣处于低涉入态时,一个更为保险的推荐策略是根据该用户的整体兴趣分布进行推荐,即 $\sum_{k=1}^{K}\theta_m^k\varphi_k^i$ 。在该研究中,当前兴趣 $\tilde{x}$ 处于低涉入态的概率是 $\lambda_{\tilde{x}}^{L}$。因而用 $\lambda_{\tilde{x}}^{L}\sum_{k=1}^{K}\theta_m^k\varphi_k^i$ [公式(4.16)第二项]来对用户整体兴趣对其下载决策的影响建模。由此可见,该推荐策略综合考虑了当前兴趣和整体兴趣的影响。

此外,该推荐策略还可以一定程度上解决推荐领域常见的用户冷启动问题。冷启动用户指的是在模型训练时不存在的用户,即没有 $\boldsymbol{\theta}_m$ 的用户[123]。针对这样的用户,需要充分利用其最近浏览行为来推断用户的当前兴趣,并基于用户的当前兴趣进行推荐。具体来说,当前兴趣的推断与图 4.5 所示算法一致,而公式(4.16)所示计算概率的公式则退化为 $p(i|\tilde{x})=\varphi_{\tilde{x}}^i$,这主要是由冷启动用户不存在 $\boldsymbol{\theta}_m$ 导致的。也就是说,笔者的推荐方法能充分利用最近浏览行为来为冷启动用户进行应用推荐。

4.5 实验评估

本研究基于 360 手机助手平台获取的应用数据集评估方法效果。360 手机助手是国内最大的移动应用下载平台之一。本节首先介绍本研究的实验数据集和实验设置,然后给出实验结果和相关分析。

4.5.1 实验设置

评价数据集包括 113 004 名用户从 2015 年 10 月 1 日到 2015 年 12 月 7 日跨时两个多月的行为日志,如表 4.2 所示。每一条行为日志包括用户编号、应用名称、应用类别、行为类型(下载或浏览)和时间戳,记录了某用户在特定时间下载或浏览了某个应用。表 4.1 是一个行为日志的简单示例。在推荐问题中,数据稀疏度$=1-\frac{\overline{N}}{V}\times100\%$,其中 $\overline{N}$ 定义为用户平均下载的应用数,V 为数据集中不同应用数。该数据集的稀疏度为 99.90%,数据稀疏度极高,也大大增加了推荐的难度。

表 4.2　实验数据集基本特征

用户数(M)	113 004
应用数(V)	14 057
应用类别数	38
用户平均下载应用数($\bar{N}$)	14.20
稀疏度	99.90%

评价数据集被分成训练集和测试集两个部分,其中训练集包含从 2015 年 10 月 1 日到 2015 年 11 月 30 日为期两个月的行为日志,而测试数据集则包含 2015 年 12 月 1 日到 2015 年 12 月 7 日为期一周的行为日志。在测试集中,若用户最近浏览的应用包含下载的应用,则将该应用从浏览序列中移除,以确保在用户尚未浏览到该应用前进行推荐。在实验评估中,首先使用训练集学习模型参数,然后基于测试集评估推荐效果。每一种推荐方法对测试集的每一个下载行为产生 N 个推荐,然后选取两个常见的评价指标 AUC 和 Recall 进行评估。

AUC 衡量了一个推荐列表排序的正确程度,计算方法如公式(4.17)所示。AUC 取值范围为[0.5,1],AUC 值越大,则推荐质量越高。

$$\mathrm{AUC}=\frac{1}{|U|}\sum_{u}\frac{1}{|E(u)|}\sum_{(i,j)\in E(u)}\mathrm{ind}(R_{u,i}>R_{u,j}) \tag{4.17}$$

其中,$R_{u,i}$ 表示推荐系统预测的用户 u 对物品 i 的评分,$\mathrm{ind}(R_{u,i}>R_{u,j})$为示性函数,$E(u)$为待评价的物品对集合,如公式(4.18)所示。

$$E(u):=\{(i,j)\mid(u,i)\in T_{\text{test}}\wedge(u,j)\notin(T_{\text{test}}\cup T_{\text{train}})\} \tag{4.18}$$

Recall 衡量了推荐列表召回用户真实选择的物品的能力。令 I^d 表示测试集中所有选择行为的集合,且 $i_j^d\in I^d(j=1,2,\cdots,|I^d|)$表示 I^d 中的一个选择行为。记 R_j 为针对选择行为 i_j^d 产生的推荐列表,定义一个示性函数来表示 i_j^d 是否包含在 R_j 中,如公式(4.19)所示。

$$\mathrm{ind}(i_j^d,R_j)=\begin{cases}1, & \text{如果} i_j^d\in R_j\\ 0, & \text{否则}\end{cases} \tag{4.19}$$

于是,Recall 可以定义为:

$$\mathrm{Recall}=\frac{\sum_{j=1}^{|I^d|}\mathrm{ind}(i_j^d,R_j)}{|I^d|} \tag{4.20}$$

Recall 取值范围为[0,1],0 表示测试集中没有任何一个选择行为包含在推荐列表中,1 表示所有选择行为都被推荐列表覆盖。Recall 取值越大,推荐方法质量越高。记推荐列表长度为 N 时的 Recall 指标为 Recall@N 或简记为 R@N。

为了展示 IMAR 方法的推荐效果,笔者选取了一些适合于应用推荐的经典方法作为基准方法,包括 ItemKNN,AoBPR,RankALS 和 LDA。其中,ItemKNN 是基于物品的协同过滤,该方法将每一个物品表示成用户选择的向量来计算物品之间的相似度,并给用户推荐未曾选择过的相似的物品。ItemKNN 也是 360 手机助手平台使用的推荐方法。AoBPR[39] 和 RankALS[40] 属于矩阵分解方法,该类方法将用户和物品都映射到低维空间,然后将用户选择物品的概率表达为用户因子向量和物品因子向量的点积。LDA 属于话题模型,对应图 4.1 和公式(4.1),仅考虑用户下载行为识别用户兴趣,不考虑浏览行为和用户涉入度的影响。

在参数设置上,本书遵从一般做法将训练数据分成两部分,一部分用于模型学习,一部分用于模型验证[124]。具体来说,将最后一周的训练数据用于模型验证,其他训练数据用于模型学习。本书为每种方法变换参数的设置,使用模型学习数据进行训练,再用模型验证数据评估模型效果,最后选择在验证数据集上达到最佳效果的参数组合作为每个方法的参数。具体来说,ItemKNN 的相似物品个数 Z 设定为 200。对于 AoBPR,隐因子数和正则化参数分别设定为 40 和 0.3。对于 RankALS,隐因子数设定为 20。LDA 的参数设置为 $K=200,\alpha=0.1,\beta=0.01$。本章提出的 IMAR 的参数设置为 $K=200,F=5,\alpha=0.1,\beta=0.01,\tau=0.1,\varepsilon=0.1$。此外,选取常用的基于深度的离散化方法[125]将浏览强度离散化到 F 个区间。基于深度的离散化方法是使得每一个离散化区间包含等量数据点的离散化方法。

4.5.2 推荐效果

首先比较本章提出的 IMAR 方法与基准方法的推荐效果。结合表 4.3 和图 4.6 可以看出,IMAR 在 AUC 和 Recall 两个指标上都优于所有基准方法,体现出 IMAR 推荐方法的优越性。具体来说,IMAR 较之于表现最好的基准方法 LDA 在 Recall@5 指标上提升了 16.10%,这说明从用户涉入度方面考虑浏览行为的影响确实显著提高了应用推荐的效果。而且,IMAR 方法也明显超过了奇虎 360 手机助手平台使用的推荐方法 ItemKNN,在 Recall@5 指标上提升了 23.02%。考虑到手机应用的收入是奇虎平台总收入的重要部分，这种推荐精度的大幅提升对于奇虎平台而言也蕴藏着巨大的经济价值。

表 4.3　IMAR 与基准方法在 AUC 指标上的推荐效果比较

	IMAR	LDA	ItemKNN	AoBPR	RankALS
AUC	0.912	0.903	0.836	0.887	0.845

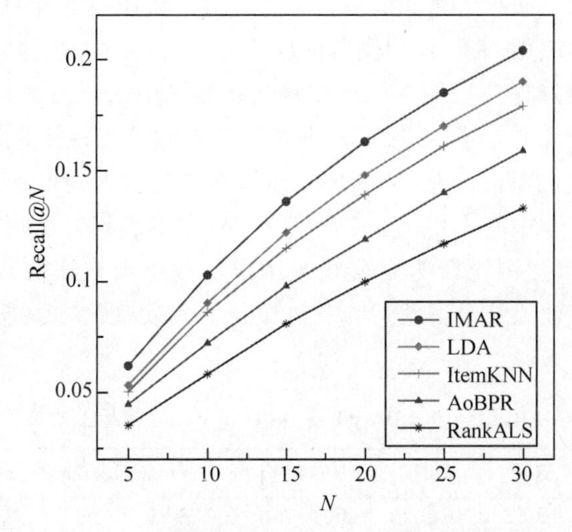

图 4.6　IMAR 与基准方法在 Recall 指标上的推荐效果比较

对比 IMAR 方法在 AUC 和 Recall 两个指标上的表现，可以发现其在 Recall 指标上相对于其他方法的优势更为明显。在应用推荐中，Recall 指标衡量的是推荐列表能够包含用户真正想要的应用的能力。考虑到手机屏幕往往很小，展示空间有限，因此一个好的应用推荐系统应该能够在较短的推荐列表(比如 $N=5$)内返回用户想要的应用。从这个角度说，IMAR 方法在 Recall 指标上的优越性在移动应用推荐中显得十分重要。

4.5.3　模型优势分析

在上一节，IMAR 较之于基准方法在推荐效果的比较中展现出明显的优势，这主要源于 IMAR 方法同时使用了浏览行为和下载行为信息，而基准方法仅仅使用了下载行为信息。本节进一步说明从涉入理论角度，有效地结合浏览行为和下载行为的重要性。

为此，本研究设计了 LDA+B 方法，该方法在不改变 LDA 模型的基础上,使用浏览行为和下载行为作为输入项。假设用户浏览行为和下载行为都是由兴趣引起的,因此综合用户的浏览行为和下载行为发现用户兴趣分布。表 4.4 展示了 IMAR,LDA 和 LDA+B 方法在 AUC 和 Recall 指标上的推荐效果。符合预期的是,IMAR 方法的表现明显优于 LDA,但出人意料的是,尽管 LDA+B 同时使用了浏览行为和下载行为信息,LDA+B 的推荐效果还不如 LDA。究其原因,LDA+B 的推荐效果不好与该方法未区分浏览行为和下载行为之间的明显差异有关。被用户下载的应用通常来说是用户喜欢的应用,而被用户浏览的应用既包含用户喜欢且愿意下载的,也包含被用户选择比较后淘汰的。LDA+B 笼统地结合浏览和下载行为,而不区分两种行为的差异,导致了该方法不能有效地发现用户的兴趣并进行应用推荐。与之不同的是,IMAR 从涉入理论角度区分了下载行为和浏览行为在应用推荐中的作用。在 IMAR 模型中,下载行为反映了用户在应用下载上的兴趣,而浏览行为则反映了用户下载决策过程的涉入度。因此,IMAR 可以有效地结合下载行为和浏览行为来发现用户兴趣,并进行有效的推荐。

表 4.4 IMAR,LDA 和 LDA+B 在 AUC 和 Recall 指标上的推荐效果比较

	AUC	R@5	R@10	R@15	R@20	R@25	R@30
IMAR	0.912	0.0620	0.103	0.136	0.163	0.185	0.204
LDA	0.903	0.0534	0.0904	0.122	0.148	0.170	0.190
LDA+B	0.878	0.0449	0.0747	0.100	0.121	0.141	0.158

4.5.4 兴趣和涉入度发现

IMAR 模型将兴趣表示成应用空间的多项分布。为了探索 IMAR 模型兴趣发现的能力,随机挑选了 6 个兴趣,给出了每个兴趣下隶属度(即 φ_z^i)最高的 5 个应用(代表性应用),并根据每个兴趣下的代表性应用总结出相应的兴趣标签,如表 4.5 所示。例如,第一个兴趣下的代表性应用依次是“卡车模拟器:城市”“极品飞车最高通缉”“疯狂出租车:都市狂飙”“高速公路赛车手”和“登山赛车”,这些应用属于该兴趣的概率分别为 0.022、0.021、0.017、0.016 和 0.015。可以看出该兴趣集中在赛车、模拟竞速类手游,因而该兴趣被标注为“竞速游戏”。类似地,可以看出其他兴趣也具有明显的区分度,如“亲子游戏”“视频”“英语学习”等。这体现出本章提出的模型 IMAR 能很好地综合下载行为和浏览行为发现兴趣,发现的兴趣具有清晰的语义和可解释性。

表4.5　IMAR兴趣发现举例

兴趣：竞速游戏		兴趣：热门应用	
卡车模拟器：城市	0.022	微信	0.119
极品飞车最高通缉	0.021	QQ	0.109
疯狂出租车：都市狂飙	0.017	酷狗音乐	0.062
高速公路赛车手	0.016	支付宝	0.061
登山赛车	0.015	淘宝	0.051
兴趣：亲子游戏		**兴趣：视频**	
宝宝医院	0.034	优酷视频	0.138
宝宝幼儿园	0.029	爱奇艺视频	0.132
宝宝小厨房	0.027	搜狐视频	0.13
宝宝爱整理	0.021	土豆视频	0.099
宝宝爱吃饭	0.020	芒果TV	0.094
兴趣：英语学习		**兴趣：导航服务**	
英语流利说	0.059	高德地图	0.217
百词斩	0.057	高德导航	0.144
沪江开心词场	0.043	百度地图	0.097
知米背单词	0.041	谷歌地图	0.072
掌中英语	0.039	腾讯地图	0.048

不仅如此，IMAR还能够区分不同兴趣的涉入度水平，这体现在每个兴趣的涉入度分布$\boldsymbol{\lambda}_z$中。根据表4.6可以看出，兴趣"竞速游戏""亲子游戏""英语学习"处于高涉入态的概率分别为0.999、0.851和0.756。其中，兴趣"竞速游戏"和"亲子游戏"的代表性应用具有较高的娱乐价值和情感吸引力，因而能够唤起用户的高涉入态[23,99]。而兴趣"英语学习"处于高涉入态

表4.6　不同兴趣的涉入度分布

兴　趣	处于高涉入态的概率(λ_z^H)	处于低涉入态的概率(λ_z^L)
竞速游戏	0.999	0.001
亲子游戏	0.851	0.149
英语学习	0.756	0.244
热门应用	0.000 04	0.999 96
视频	0.0003	0.9997
导航服务	0.0006	0.9994

的概率较高主要是因为用户在英语学习中具有较高的主动性和较多的自我激励行为，希望能通过反复浏览和比较找到最合适的应用下载，以提高英语学习的效果。

相对而言，兴趣“热门应用”“视频”和“导航服务”处于高涉入态的概率依次为 0.000 04、0.0003 和 0.0006。这些兴趣更容易处于低涉入态，主要源于：(1)这些兴趣下的代表性应用更加倾向于功能性而非娱乐性，因而不易于唤起用户涉入；(2)这些兴趣下的应用具有较大的趋同性，彼此间差异不大。因而，用户无须在下载前进行过多的比较。以上分析显示出 IMAR 模型能够有效地发现兴趣，并识别兴趣的涉入唤起能力。

4.5.5 IMAR 与 GEM 对比分析

IMAR 是考虑涉入的推荐模型，而 GEM 是考虑探索的推荐模型。本节从概念定义、模型设计、推荐效果和数据分析四个层面对 IMAR 和 GEM 模型进行比较。

就概念定义而言，涉入度的高低与消费者对产品品类的重视程度有关，取决于消费者内在的需求、兴趣和价值取向[23]，在行为上表现为信息搜索和商品获取过程中投入的时间和精力的多少[95]。相比于涉入度低的用户，涉入度高的用户在选择决策前往往会进行更为广泛深入的信息搜索、浏览和比较。探索指的是用户在不熟悉的领域反复探求。探索性消费行为呈现出追求多样化、偏好风险和好奇驱动三方面特点[73,74]。对探索性消费行为的经典解释是基于心理学领域的最佳刺激水平理论[76]。因而，探索和涉入在心理机制和行为表现上存在本质的区别。一般来说，多样化探索行为往往发生在涉入度低的产品品类中。涉入度高的用户有更强的风险规避倾向，而探索倾向高的用户则表现为一定程度的风险偏好[121]。

从模型设计而言，IMAR 模型引入浏览强度发现用户选择过程中的涉入度高低，并利用涉入度更好地识别用户兴趣；而 GEM 模型引入用户相邻下载行为的相似度信息发现用户的探索状态，基于当前的探索状态决定是否发生目标的转移。可见，IMAR 和 GEM 模型在信息使用和模型设计上各具特色(详见 3.3 节和 4.3 节)。

推荐效果上，我们已经知道 IMAR 和 GEM 模型较之于传统推荐方法都具有明显的优势。那么，这两个模型究竟孰优孰劣？为了回答这个问题，首先在本章所用的应用数据集上比较两个模型的推荐效果，如表 4.7 所示。可以看出，GEM 模型相较于 IMAR 模型在 AUC 和 Recall 两个指标上均表现出更好的推荐效果。这个结果乍一看来有些令人遗憾，毕竟 IMAR 模型在用户下载行为的基础上增加使用了用户浏览行为这一输入信息，而输入信息的增加却没有带来整体推荐效果的提升。究其原因，主要源于以下两点：(1)在模型设计上，GEM 模型考虑了前后应用下载间的序列关系，这是 IMAR 模型没有考虑的，因此 GEM 模型在信息使用上更为充分。(2)在推荐策略上，GEM 模型在推荐时将前一个应用下载行为的目标考虑进来，而 IMAR 模型基于用户最近浏览行为发现用户当前目标进行推荐。然而，在应用下载场合，部分用户下载行为并不伴随着最近浏览行为。因此对于没有最近浏览行为的下载行为预测而言，IMAR 推荐策略退化为 LDA 模型推荐策略，这时 IMAR 模型在推荐阶段考虑浏览行为的优势并不能充分发挥出来。对比而言，GEM 模型考虑上一个下载行为的影响却不存在这个局限，因为用户的上一个下载行为总是存在的，这也导致了整体来说 GEM 模型较之于 IMAR 模型更具优势。

表 4.7　IMAR 与 GEM 模型整体推荐效果比较

	AUC	R@5	R@10	R@15	R@20	R@25	R@30
GEM	0.919	0.067	0.111	0.145	0.173	0.198	0.220
IMAR	0.912	0.062	0.103	0.136	0.163	0.185	0.204

如果只对有最近浏览行为的下载行为进行预测，IMAR 和 GEM 模型推荐效果如表 4.8 所示。可以看出，当存在最近浏览行为时，IMAR 模型的推荐效果显著优于 GEM。而且，对于这部分预测，IMAR 的效果优于表 4.7 中所示的整体推荐效果，而 GEM 的效果则低于整体推荐效果。可见，当用户浏览行为丰富时，IMAR 模型的优势才能充分显现出来。以上对比分析也展示出，考虑涉入的推荐和考虑探索的推荐各有优势。相对而言，考虑涉入的推荐模型 IMAR 更适合浏览行为丰富的推荐场合(比如相关推荐)，而考虑探索的推荐模型 GEM 则更善于根据用户之前的下载行为进行个性化推荐(比如主页推荐)。

表 4.8　IMAR 与 GEM 模型局部推荐效果(仅对有浏览行为)比较

	AUC	R@5	R@10	R@15	R@20	R@25	R@30
GEM	0.872	0.032	0.056	0.075	0.091	0.105	0.118
IMAR	0.921	0.071	0.107	0.135	0.158	0.176	0.192

最后是不同应用类探索唤起潜力和涉入唤起潜力的分析。图 4.7 展示了不同应用类探索唤起潜力和涉入唤起潜力的大小,已采用 min-max 规范化方法分别归一化到[0,1]区间。应用类的探索唤起潜力(或涉入唤起潜力)根据应用下载行为的采样结果计算,等于整个数据集中某个类别应用下载行为处于探索状态(或高涉入状态)的个数占该类应用总下载数的比例。分析该图可以得到以下三点有意思的发现。(1)应用类别是区分探索唤起潜力(或涉入唤起潜力)的重要指标。不同类别的应用具有不同的功能和特性,也相应地具有不同的探索唤起潜力(或涉入唤起潜力)。(2)同一类别的应用的探索唤起潜力和涉入唤起潜力存在显著差异。具体来说,游戏类应用(如解谜冒险、射击游戏、竞速游戏、养成游戏、塔防游戏、动作游戏等)涉入度极高。这主要是因为游戏类应用具有高情感吸引力、娱乐价值和品牌差异,从而导致用户在下载游戏应用前广泛浏览同类应用以进行比较和选

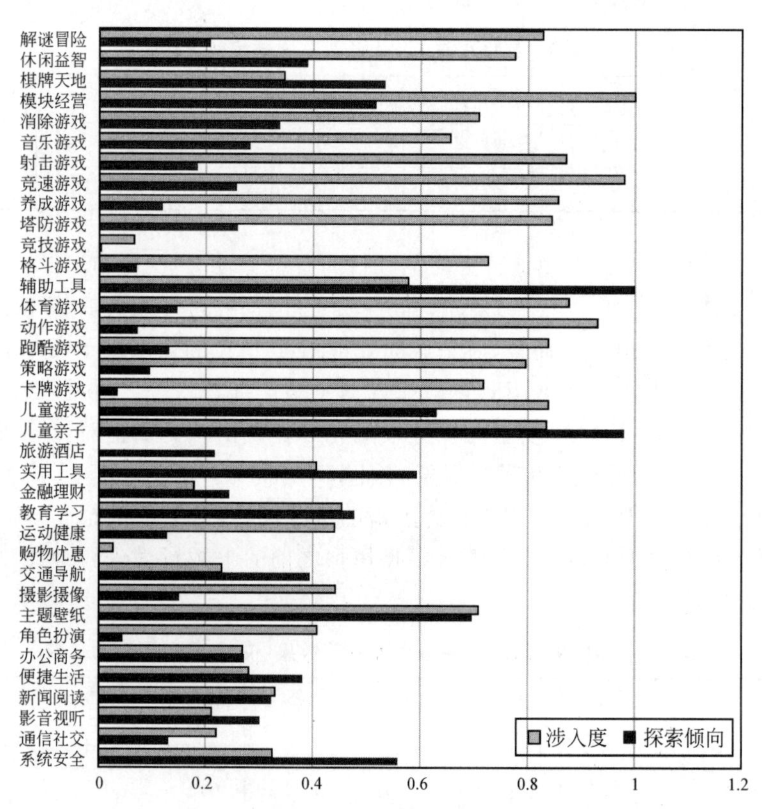

图 4.7 应用类涉入度和探索倾向对比图

择,产生高涉入度的下载行为[119]。(3)系统安全、交通导航、辅助工具等应用类则呈现出探索倾向高于涉入度的规律。这可能是因为这些应用类具有较大的模糊性和不确定性,需要用户下载使用后获得一手经验,所以呈现出多样化探索行为[76]。

4.6 管理启示

本章考虑涉入度高低对用户行为预测和推荐的影响,提出了考虑用户涉入的推荐模型。该模型既显著提高了推荐效果,又提供了识别涉入度高低的有效方法。本研究的模型方法和实验分析结果给业界提出了以下管理启示。

第一,考虑用户涉入的推荐方法对于应用推荐效果的提升,意味着巨大的经济价值和平台用户满意度的提升。根据实验结果,该方法相较于已有推荐方法在 Recall 指标上提升了 16.10%～40.59%。考虑到移动应用市场约 697 亿的年度收入[①],在移动应用平台成功应用本研究提出的方法有望转化成巨大的经济收益。而且,与传统应用推荐方法相比,更精确的推荐列表有助于用户更方便地定位到他们需要的应用,因而有助于提升用户的平台体验和满意度。

第二,考虑用户涉入的推荐方法可以适应大规模移动应用推荐,这可以通过离线训练和线上推荐两个阶段实现。离线训练是指基于全局用户的历史行为训练模型参数,对应图 4.4 的参数学习算法。离线训练以一定周期为单位进行,如大部分移动应用平台的一个常见策略是每晚进行模型参数的更新。而线上推荐阶段则基于已经训练好的模型参数和用户最近浏览行为更新用户的推荐列表,这部分可以通过并行化实现实时推荐。因此,该方法可以实现大规模移动应用平台的实时推荐。

第三,该方法还可以扩展到其他推荐领域。以商品推荐为例,商品对应本研究的移动应用,商品购买行为对应移动应用下载行为。消费者在购买商品前,通常会在同类产品中进行浏览、选择和比较,因而产生了浏览行为。而且,消费者涉入理论在解释消费者购买行为中起到了至关重要的作用[97]。因而,考虑涉入的推荐容易扩展到商品推荐领域,通过考虑消费者涉入行为提升商品推荐的效果。

---

① 参见 https://www.statista.com/statistics/269025/worldwide-mobile-app-revenue-forecast/。

第四，该研究也给管理者实施精准营销提出了有效的建议，即如何根据用户的兴趣和涉入度高低制定有针对性的营销策略。本章提出的方法能够有效识别用户的当前兴趣和不同兴趣的涉入水平，而一个好的精准营销策略应该能够匹配用户当前的兴趣和涉入状态。例如，如果一个用户对某个兴趣正处于高涉入态，那么应该集中推荐该兴趣下的应用。反之，如果用户正处于低涉入态，没有清晰的兴趣，那么此时平台管理者可以制定有效的营销策略来引导和影响用户偏好。这主要是因为低涉入态的用户更容易受到劝说和营销策略的影响[126]。

4.7 本章小结

本章研究创造性地提出了一个有效结合下载行为和浏览行为的应用推荐方法 IMAR。通过在真实应用数据集上实验，IMAR 方法相对于已有推荐方法展现出明显的优势。具体来说，本研究得出了以下几点有意思的发现。

第一，本研究以涉入理论为基础，提出了一个结合下载行为和浏览行为来进行应用推荐的方法，为信息系统领域技术研究扩充了新的方法，也充实了推荐方法研究的理论基础。

第二，本章提出了一个新的图模型 IMAR，基于下载行为和浏览行为来推断用户兴趣和涉入度，设计了相应的模型学习算法，并提出综合考虑用户当前兴趣和整体兴趣的推荐策略。本研究提出的图模型、参数学习方法和推荐策略都构成了本章研究方法上的主要贡献。基于真实数据集的实验展示了提出的方法优于经典推荐方法的特点，同时也说明了考虑浏览行为对于应用推荐的重要作用。

第三，本研究体现出在技术研究中引入行为理论指导技术方法设计的作用。具体来说就是援引涉入理论，基于用户浏览强度发现涉入度，从而有效地将浏览行为与下载行为结合起来以发现用户兴趣，并显著提升了应用推荐的效果。

第四，本研究发现不同应用类的涉入唤起能力不同。具体来说就是，游戏类应用较之于功能类应用具有更高的涉入度，这主要是由游戏类应用的高情感驱动、娱乐价值和品牌差异导致的。

第5章　考虑从众的推荐

5.1 引　　言

从众是人类社会普遍存在的一种现象，指个体倾向于参照群体价值规范而改变其意见、态度和行为[55]。从众行为①的发生一方面是为了在不确定性情况下获取信息以便采取正确行动，另一方面也是为了获得社会群体的支持和认可。可见，个体的行为一定程度上参照群体的行为，受参照群体的影响。考虑从众的推荐正是出于对这种社会影响的作用的考虑，试图通过挖掘个体行为与参照群体行为之间的关系来提高个体行为预测的精度和推荐质量。当今时代，随着社交媒体和社会网络的发展，人们可以随时随地在社交网络上建立和管理朋友关系，使得社交网络平台积累了丰富的用户行为和关系网络数据，从而为考虑从众心理和社会影响的个性化推荐研究提供了数据保障。

从研究领域上看，如何利用社会关系的信息提高个性化推荐的质量属于社会化推荐的研究范畴。已有的社会化推荐研究普遍基于用户行为和朋友行为具有相似性的假设，并将这种相似关系的限制考虑到推荐模型设计中，以提高推荐质量。例如 SocialMF 将用户的特征向量表示成朋友特征向量的加权平均，并以信任程度的大小作为权重[37]，在一定程度上提高了推荐效果。以 SocialMF 为代表的社会化推荐研究主要集中在考虑信任关系进行评分预测的推荐场合，大多假设用户偏好或行为同时受所有朋友的影响，然而这种假设应用于实际生活或社交网络中的朋友关系其实是不恰当的。

众所周知，社交网络中的朋友关系存在异质性，不同朋友的影响也是不同的。以图 5.1 所示用户 Alice 为例，一个用户通常有多个朋友，这些用户

---

① 从众行为是从众心理的外在行为表现，指个体的特定行为（如购买行为）受从众心理的影响。本书依据语境交替使用从众行为和从众心理两种表述。

往往形成不同的圈子，且不同的圈子间可能存在一定的交叉。例如，Alice就发展了不同的朋友圈，她喜欢和有户外爱好的朋友一起登山远足，喜欢和热爱音乐的朋友一起欣赏音乐会。因此，给用户推荐物品(商品或服务)时，也应当考虑合适的参照群体的影响。例如，给 Alice 推荐音乐时更应该考虑音乐朋友圈的兴趣，而推荐户外器材时更应该考虑户外朋友圈的兴趣。可见，人们在从事不同活动时往往受不同朋友圈的影响，即影响用户不同行为的参照群体存在差异性。

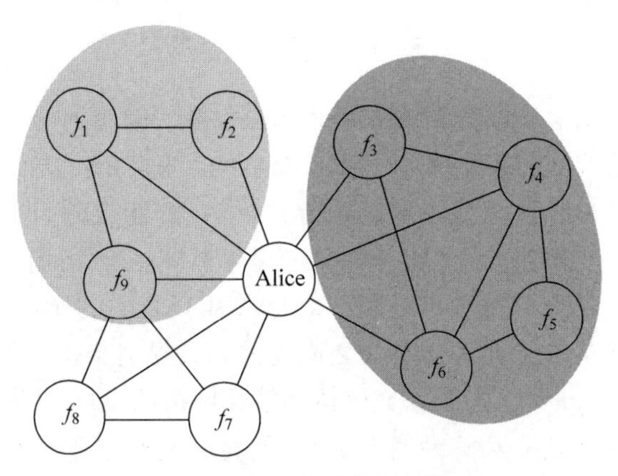

图 5.1 Alice 的朋友圈示意图

自我分类理论从社会心理学层面解释了从众行为的发生机制，并说明了参照群体差异性的存在原因。自我分类理论认为，人们会把自己和他人根据特定的社会属性(如性别、年龄、国籍、文化背景或兴趣爱好)划分为不同的类别或圈子，并展现出与这些社会类别相匹配的行为模式[24,127]。可见，我们的行为确实会受到参照群体的影响，与群体行为存在“相似性”。更重要的是，这种自我分类是动态的，依情境而定，在不同的情况下我们可能分属不同的社会群体。对应到推荐场合，用户在选择不同物品时往往受到不同朋友圈子的影响，参照群体的影响存在“差异性”。因而，对用户的不同选择考虑合适的参照群体的影响，同时考虑朋友影响的相似性和差异性尤为重要。也就是说，在考虑从众的推荐中，正确考虑“众”十分关键，即针对特定的用户行为考虑合适的参照群体，而非一致地考虑所有朋友的影响。

为此，笔者提出自动划分朋友圈的推荐模型 ICTM。该模型需要解决以下几个问题。首先，如何利用模型自动地划分朋友圈？其次，如何对用户的物品选择行为建模？最后，如何恰当地考虑朋友圈的影响来提高个性化推荐的质量？

针对以上三个问题，本章提出了如下的解决方案。首先，综合利用社会网络结构和用户物品选择信息进行朋友圈划分(或者说社区发现)。本章交替使用"社区"和"朋友圈"的概念，二者都指用户行为的参照群体。之所以结合两方面的信息，主要是为了保证社区发现的稳健性，消除单一信息源可能带来的噪声和干扰。其次，综合考虑用户个性(individuality)和从众(conformity)两方面因素对用户的物品选择行为建模，用户选择一个物品既可能出于满足自身的内在偏好，也可能因为受某个朋友圈的影响而表现出从众行为。最后，本章提出一个统一的话题模型 ICTM (individual-level and community-level topic model)，同时考虑用户个人兴趣和社区层面的影响来进行用户行为预测和个性化推荐。

总结来看，本章研究的贡献和创新点体现在以下三个方面。

第一，与已有社会化推荐研究不同，本研究重点考虑不同朋友圈的影响来进行推荐。在社会化推荐中，除了考虑用户和朋友之间的行为"相似性"，更需要重视不同朋友圈影响的"差异性"。

第二，本研究提出一个统一的话题模型，结合话题发现和朋友圈划分进行个性化推荐。在真实推荐数据集上的实验评估表明，该模型较之于传统推荐算法表现出明显的优势，而且在话题语义和朋友圈划分上有良好的可解释性。

第三，在用户行为建模时综合考虑个性和从众心理的影响，且提出的模型能基于用户的选择行为和朋友列表，自动地识别用户的从众倾向，并通过统计分析探究影响个体从众倾向和用户行为模式的相关关系。

5.2　问题定义

给定用户集合 $U=\{u_1,u_2,\cdots,u_M\}$ 和物品集合 $I=\{i_1,i_2,\cdots,i_V\}$，其中 M 表示用户数，V 表示物品数。输入的问题是所有用户的物品选择列表和朋友列表。

一个用户的物品选择列表指该用户选择过的物品集合。例如在商品推荐中，可以是用户购买过的商品集合；在移动应用推荐中，可以是用户下载过的应用列表。记用户 u_m 的物品选择列表为 $I_m=\{i_{m,1},\cdots,i_{m,n},\cdots,i_{m,N_m}\}$，$N_m$ 是用户 u_m 物品选择列表的长度。这种只存在用户选择行为，而没有显式评分数据的推荐数据集叫隐式反馈数据集[13]。与显式评分数据集同时存在正反馈数据和负反馈数据的特点不同,隐式反馈数据集只存在正反馈数据,即用户选择过的物品信息。而用户未选择某物品可能是因为用户不喜欢,也可能是因为用户对其尚不了解。可见,基于隐式反馈数据集的推荐更具挑战性。当然,现实世界中隐式反馈数据集也更加丰富,自然积累的用户行为(如商品购买、应用下载、网页浏览等)都属于隐式反馈,因而研究基于隐式反馈的推荐更具意义。

一个用户的朋友列表指和该用户有社会关系的用户集合。这种社会关系既可以是双向朋友关系,也可以是单向关注关系或信任关系。记用户 u_m 的朋友列表为 $F_m=\{f_{m,1},\cdots,f_{m,l},\cdots,f_{m,L_m}\}$,$L_m$ 是用户 u_m 朋友列表的长度。例如,以图 5.1 的 Alice 为例,她的朋友列表 $F_{\text{Alice}}=\{f_1,f_2,\cdots,f_9\}$,包括 $f_1\sim f_9$ 在内的 9 个朋友。接下来对基于隐式反馈的社会化推荐给出具体定义。

基于隐式反馈的社会化推荐:给定物品集合 I,用户集合 U,所有用户的物品选择序列 $\bigcup_{m=1}^{M} I_m$,所有用户的朋友列表 $\bigcup_{m=1}^{M} F_m$,目标是对每个用户 $u\in U$ 和该用户未选择过的物品 $i(i\in I$ 且 $i\notin I_u)$ 预测评分 $R_{u,i}$,并对每个用户 u 产生个性化的 Top-N 推荐列表 P_u,如下所示:

$$f:\left(u,I,\ \bigcup_{m=1}^{M} I_m,\ \bigcup_{m=1}^{M} F_m\right)\rightarrow \text{推荐列表}P_u=\langle i_{r_1},i_{r_2},\cdots,i_{r_N}\rangle$$

$$\text{s. t. }:R_{u,r_1}\geqslant R_{u,r_2}\geqslant\cdots\geqslant R_{u,r_N}.$$

5.3 ICTM 模型

ICTM 是 individual-level and community-level topic model 的简称,同时考虑个体层面(individual-level)兴趣和社区层面(community-level)社会影响的话题模型(topic model)。接下来依次介绍该模型的模型设计、参数学习和复杂度分析三个方面。

5.3.1 模型设计

如前所述,ICTM 模型的设计目的主要是实现以下三大功能。首先是社区发现,类似 LDA 引入隐变量“话题”,将频繁共同出现的词聚为同一话题,ICTM 模型引入隐变量“社区”,将社会网络中关系稠密的用户聚为同一朋友圈。其次是用户行为建模,该模型同时考虑个性和从众心理的影响,并为每个用户引入从众倾向分布以考虑个体从众倾向的差异性。最后是模型整合方面，ICTM 将用户的个体兴趣和群体的社会影响同时映射到统一的话题空间，从而将社区发现和用户行为建模统一整合到一个话题模型中。图 5.2 为 ICTM 模型的概率图。图中，有阴影的变量 i 和 f 为可观测变量，无阴影的变量 s，c，b，z 为隐变量，$\boldsymbol{\alpha}$，$\boldsymbol{\beta}$，$\boldsymbol{\tau}$，$\boldsymbol{\gamma}$，$\boldsymbol{\varepsilon}$，$\boldsymbol{\rho}$ 为超参数。符号含义如表 5.1 所示。

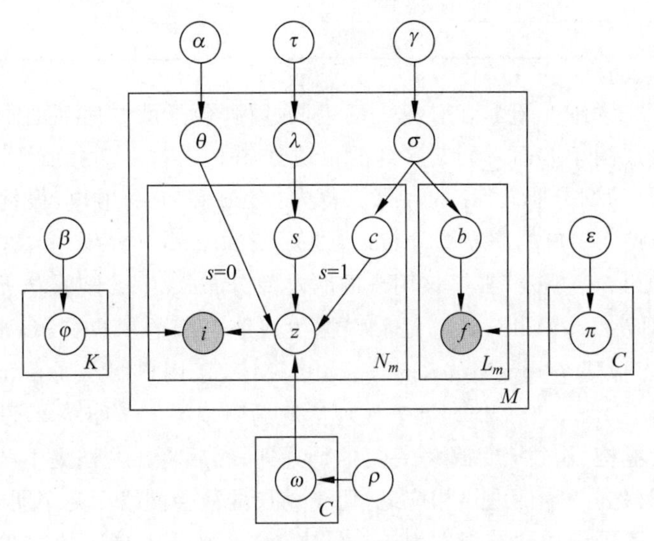

图 5.2　ICTM 图模型

表 5.1　ICTM 模型符号及含义

符　号	含　义
M	用户数
V	物品数
K	话题数
C	社区数
N_m	第 m 个用户选择过的物品数
L_m	第 m 个用户的朋友数
$\boldsymbol{\lambda}$	用户从众倾向二项分布
$\boldsymbol{\theta}$	用户个体话题(兴趣)多项分布
$\boldsymbol{\varphi}$	话题的物品多项分布
$\boldsymbol{\sigma}$	用户所属社区的多项分布
$\boldsymbol{\pi}$	社区构成的用户多项分布

续表

符　号	含　义
s	指示变量，出于个性($s=0$)或从众($s=1$)
c	影响行为的社区(参照群体)
z	一个物品对应的话题
b	一个朋友所在的社区
i	物品编号
f	朋友编号

接下来详细介绍ICTM模型的生成过程，包括朋友序列的生成和物品序列的生成两个方面。朋友序列的生成如图5.2右半部分所示，以实现社区发现(自动划分朋友圈)的目标。首先，对于第m个用户，根据狄利克雷先验$\boldsymbol{\gamma}$生成该用户的朋友圈分布$\boldsymbol{\sigma}_m$，即$\boldsymbol{\sigma}_m \sim \text{Dirichlet}(\boldsymbol{\gamma})$。接着，对于第$m$个用户的第$l$个朋友，根据该用户的朋友圈分布$\boldsymbol{\sigma}_m$生成该朋友所在的朋友圈$b_{m,l}$，即$b_{m,l} \sim \text{Multi}(\boldsymbol{\sigma}_m)$，最后根据生成朋友圈的用户分布$\boldsymbol{\pi}_{b_{m,l}}$生成朋友编号$f_{m,l}$，即$f_{m,l} \sim \text{Multi}(\boldsymbol{\pi}_{b_{m,l}})$。ICTM基于用户朋友列表划分朋友圈的原理与LDA基于文档词列表发现话题的原理类似。LDA假设一个文档由几个话题构成，每个话题由一定的词描述，然后将在文档集中共同出现次数高的词聚为一个话题。相应地，假设用户的社会网络由几个朋友圈构成，如果把关系稠密的朋友识别为一个朋友圈，这些关系稠密的朋友必然在彼此的朋友列表中都出现，共现次数较高，因而ICTM能够发现关系稠密的朋友圈子。

物品选择序列的生成如图5.2左半部分所示，以实现用户行为建模的目标。对每个用户都有一个从众倾向分布$\boldsymbol{\lambda}_m=(\lambda_m^0,\lambda_m^1)$，其中$\lambda_m^0$表示用户追求个性的程度，$\lambda_m^1$表示用户从众的程度。该分布根据贝塔先验$\boldsymbol{\tau}=(\tau_0,\tau_1)$生成，$\tau_0$和$\tau_1$可以不相等，代表先验地认为用户在选择时受个性或从众的影响不相等。用户选择物品的行为机制具体如下：对于第m个用户的第n个物品选择行为，首先根据从众倾向分布$\boldsymbol{\lambda}_m$生成一个指示变量$s_{m,n}$，即$s_{m,n} \sim \text{Bernouli}(\boldsymbol{\lambda}_m)$。若$s_{m,n}=0$，表示该行为是出于个性，因而从用户个人兴趣分布$\boldsymbol{\theta}_m$产生一个话题$z_{m,n}$，即$z_{m,n} \sim \text{Multi}(\boldsymbol{\theta}_m)$；若$s_{m,n}=1$，则表示该行为是受从众心理的影响，因而首先从用户的朋友圈分布$\boldsymbol{\sigma}_m$产生影响该行为的圈子$c_{m,n}$，即$c_{m,n} \sim \text{Multi}(\boldsymbol{\sigma}_m)$；然后基于该圈子的兴趣分布$\mathbf{w}_{c_{m,n}}$产生一个话题$z_{m,n}$，即$z_{m,n} \sim \text{Multi}(\mathbf{w}_{c_{m,n}})$；最后，基于当前话题$z_{m,n}$

的物品分布$\boldsymbol{\varphi}_{z_{m,n}}$产生物品$i_{m,n}$，即$i_{m,n} \sim \mathrm{Multi}(\boldsymbol{\varphi}_{z_{m,n}})$。

ICTM 模型较好地实现了社区发现和用户选择行为的统一建模。在社区发现时，综合考虑了用户选择行为和社会网络结构的影响，这可以从图 5.2 中朋友圈分布$\boldsymbol{\sigma}$同时受c和b的影响得出，其中c是用户行为信息的反映，而b是网络结构信息的反映。在用户行为建模时，同时考虑了个性和从众心理的影响，并区分不同朋友圈的影响，这与自我分类理论的解释相一致。根据自我分类理论，人们往往根据某种社会属性（如兴趣偏好），将自己和他人分属于不同的社会群体，并受到不同群体的影响，而且自我分类是动态的，可依据具体的情境或行为而变化[127]。类似地，ICTM 模型自动进行朋友圈的划分和兴趣识别，并动态地刻画用户行为决策是否受从众心理影响，以及具体受哪个朋友圈的影响。

ICTM 模型具体生成算法如图 5.3 所示。其中第 10～12 行对应朋友列表的生成，以实现自动划分朋友圈的目标。第 13～20 行对应用户选择行为的生成。第 14 行生成指示变量$s_{m,n}$，以选择当前行为是出于个性还是从

```
1   for 每一个话题 k=1,2,…,K
2       生成 φ_k ~ Dirichlet(β)
3   for 每一个社区 c=1,2,…,C
4       生成 π_c ~ Dirichlet(ε)
5       生成 ω_c ~ Dirichlet(ρ)
6   for 每一个用户 m=1,2,…,M
7       生成 λ_m ~ Beta(τ)
8       生成 θ_m ~ Dirichlet(α)
9       生成 σ_m ~ Dirichelt(γ)
10      for 第 m 个用户的第 l 个朋友，其中 l∈{1,2,…,L_m}
11          生成社区 b_{m,l} ~ Multi(σ_m)，其中 b_{m,l}∈{1,2,…,C}
12          生成朋友 f_{m,l} ~ Multi(π_{b_{m,l}})，其中 f_{m,l}∈{1,2,…,M}
13      for 第 m 个用户选择的第 n 个物品，其中 n∈{1,2,…,N_m}
14          生成指示变量 s_{m,n} ~ Bernouli(λ_m)，其中 s_{m,n}=0 或 1
15          if s_{m,n}=0
16              生成话题 z_{m,n} ~ Multi(θ_m)，其中 z_{m,n}∈{1,2,…,K}
17          else
18              生成社区 c_{m,n} ~ Multi(σ_m)，其中 c_{m,l}∈{1,2,…,C}
19              生成话题 z_{m,n} ~ Mutli(ω_{c_{m,n}})，其中 z_{m,n}∈{1,2,…,K}
20          生成物品 i_{m,n} ~ Multi(φ_{z_{m,n}})，其中 i_{m,n}∈{1,2,…,V}
```

图 5.3　ICTM 模型的生成算法描述

众心理的影响。第15～16行对应个性的影响，第17～19行对应特定朋友圈的影响。

5.3.2 参数学习

与LDA等其他话题模型一致，本研究基于吉布斯采样[118]设计参数学习算法。ICTM模型的参数学习需要迭代的采样隐变量$b_{m,l}$，$c_{m,n}$，$s_{m,n}$和$z_{m,n}$，采样公式如公式(5.1)～公式(5.4)所示。推导细节见附录C。

$$p(b_{m,l} \mid \boldsymbol{b}_{-(m,l)}, \boldsymbol{f}, \boldsymbol{c}, \boldsymbol{s}, \boldsymbol{z}, \boldsymbol{i}, \cdots) \propto$$

$$(\gamma_{b_{m,l}} + p_{m,b_{m,l},*,*,*} + q_{m,b_{m,l},*}^{-(m,l)}) \frac{\varepsilon_{f_{m,l}} + q_{*,b_{m,l},f_{m,l}}^{-(m,l)}}{\sum_{f=1}^{M} \varepsilon_f + q_{*,b_{m,l},f}^{-(m,l)}} \tag{5.1}$$

$$p(c_{m,n} \mid \boldsymbol{c}_{-(m,n)}, \boldsymbol{b}, \boldsymbol{f}, \boldsymbol{s}, \boldsymbol{z}, \boldsymbol{i}, \cdots) \propto$$

$$(\gamma_{c_{m,n}} + p_{m,c_{m,n},*,*,*}^{-(m,n)} + q_{m,c_{m,n},*}) \frac{\rho_{z_{m,n}} + p_{*,c_{m,n},1,z_{m,n},*}^{-(m,n)}}{\sum_{k=1}^{K} \rho_k + p_{*,c_{m,n},1,k,*}^{-(m,n)}} \tag{5.2}$$

$$p(z_{m,n}, s_{m,n}=1 \mid \boldsymbol{z}_{-(m,n)}, \boldsymbol{s}_{-(m,n)}, \boldsymbol{b}, \boldsymbol{f}, \boldsymbol{c}, \boldsymbol{i}, \cdots) \propto$$

$$(\tau_1 + p_{m,*,1,*,*}^{-(m,n)}) \frac{\rho_{z_{m,n}} + p_{*,c_{m,n},1,z_{m,n},*}^{-(m,n)}}{\sum_{k=1}^{K} \rho_k + p_{*,c_{m,n},1,k,*}^{-(m,n)}} \frac{\beta_{i_{m,n}} + p_{*,*,*,z_{m,n},i_{m,n}}^{-(m,n)}}{\sum_{i=1}^{V} \beta_i + p_{*,*,*,z_{m,n},i}^{-(m,n)}} \tag{5.3}$$

$$p(z_{m,n}, s_{m,n}=0 \mid \boldsymbol{z}_{-(m,n)}, \boldsymbol{s}_{-(m,n)}, \boldsymbol{b}, \boldsymbol{f}, \boldsymbol{c}, \boldsymbol{i}, \cdots) \propto$$

$$(\tau_0 + p_{m,*,0,*,*}^{-(m,n)}) \frac{\alpha_{z_{m,n}} + p_{m,*,0,z_{m,n},*}^{-(m,n)}}{\sum_{k=1}^{K} \alpha_k + p_{m,*,0,k,*}^{-(m,n)}} \frac{\beta_{i_{m,n}} + p_{*,*,*,z_{m,n},i_{m,n}}^{-(m,n)}}{\sum_{i=1}^{V} \beta_i + p_{*,*,*,z_{m,n},i}^{-(m,n)}} \tag{5.4}$$

在以上公式中，符号“…”表示超参数$\boldsymbol{\alpha}$，$\boldsymbol{\beta}$，$\boldsymbol{\rho}$，$\boldsymbol{\tau}$，$\boldsymbol{\gamma}$，$\boldsymbol{\varepsilon}$。$p_{m,c,s,z,i}$表示第m个用户出于个性($s=0$)或者出于从众($s=1$)而受朋友圈c的影响选择话题z对应的物品i的次数，$q_{m,b,f}$表示第m个用户的朋友f属于社区b的次数。$p_{m,c,s,z,i}^{-(m,n)}$表示去掉第m个用户的第n个物品后的$p_{m,c,s,z,i}$计数，相应的$q_{m,b,f}^{-(m,l)}$表示去掉第m个用户的第l个朋友的$q_{m,b,f}$计数。

通过多次迭代采样达到稳定后，根据公式(5.5)～公式(5.10)估计模型各个分布的期望。

$$\sigma_m^c = \frac{p_{m,c,*,*,*} + q_{m,c,*} + \gamma_c}{p_{m,*,*,*,*} + q_{m,*,*} + \sum_{i=1}^{C} \gamma_i} \tag{5.5}$$

$$\lambda_m^s = \frac{p_{m,*,s,*,*} + \tau_s}{p_{m,*,*,*,*} + \tau_0 + \tau_1} \tag{5.6}$$

$$\theta_m^z = \frac{p_{m,*,0,z,*} + \alpha_z}{p_{m,*,0,*,*} + \sum_{i=1}^{K} \alpha_i} \tag{5.7}$$

$$\omega_c^z = \frac{p_{*,c,1,z,*} + \rho_z}{p_{*,c,1,*,*} + \sum_{i=1}^{K} \rho_i} \tag{5.8}$$

$$\pi_b^f = \frac{q_{*,b,f} + \pi_f}{q_{*,b,*} + \sum_{i=1}^{M} \pi_i} \tag{5.9}$$

$$\varphi_z^i = \frac{p_{*,*,*,z,i} + \beta_i}{p_{*,*,*,z,*} + \sum_{i=1}^{V} \beta_i} \tag{5.10}$$

5.3.3　复杂度分析

ICTM模型的时间开销主要来源于模型参数学习过程中的吉布斯采样，包括采样隐变量 $b_{m,l}$，$c_{m,n}$，$s_{m,n}$ 和 $z_{m,n}$。根据采样公式可知，采样 $b_{m,l}$ 的时间复杂度是 $O(M\bar{L}C)$，其中 $\bar{L}$ 表示平均每个用户的朋友数。采样 $c_{m,n}$ 的时间复杂度为 $O(M\bar{N}C)$，其中 $\bar{N}$ 是平均每个用户选择的物品数，因为推荐数据集的稀疏性 $\bar{N}$ 通常远小于用户数 M。采样 $s_{m,n}$ 和 $z_{m,n}$ 的时间复杂度是 $O(M\bar{N}K)$。因此，ICTM 模型一轮迭代的复杂度为 $O(M(\bar{L}C+\bar{N}C+\bar{N}K))$，与用户数 M 呈线性关系。可见，该模型为线性时间开销，有潜力应用于大规模数据集，具有较强的实用性。

5.4　推 荐 方 法

为了给用户推荐满足偏好的物品，需要对每个用户 u 预测其选择物品 $i(i\in I$ 且 $i\notin I_u)$ 的概率 $P(i|u)$。根据 ICTM 模型的生成过程，用户 u 选择物品 i 的概率计算公式如下所示：

$$P(i \mid u) = (1-\lambda_u^1)\sum_{z=1}^{K}\theta_u^z\varphi_z^i + \lambda_u^1\sum_{c=1}^{C}\sigma_u^c\sum_{z=1}^{K}w_c^z\varphi_z^i \tag{5.11}$$

由上式可知，偏好预测同时考虑了用户个体偏好和从众心理两方面因素，通

过用户从众倾向 λ_u^1 权衡二者的影响。具体来说，$\sum_{z=1}^{K}\theta_u^z\varphi_z^i$ 表示用户 u 因为个人兴趣而选择物品 i 的概率，权重为$(1-\lambda_u^1)$；而 $\sum_{c=1}^{C}\sigma_u^c\sum_{z=1}^{K}w_c^z\varphi_z^i$ 表示用户 u 出于从众心理、受朋友圈的影响而选择物品 i 的概率，权重为 λ_u^1。有了用户选择每个物品的概率，就可以挑选出选择概率最高的 N 个物品给用户生成 Top-N 推荐。

5.5 实验评估

本节通过一系列实验评估 ICTM 模型的推荐效果，并进行相关的实证分析。具体来说，实验分析包括以下几个方面：(1)ICTM 与基准方法的推荐效果比较；(2)ICTM 模型发现话题和识别朋友圈的能力；(3)有关从众倾向和行为模式的相关分析。

5.5.1 实验设置

本研究所用的旅游数据集来源于一家中国新成立的旅游公司——游侠客旅游网，其“旅行＋交友”的模式受到了旅行者们的广泛欢迎。该数据集涉及 10 812 个用户和 2369 个旅行套餐，包括从 2010 年至 2014 年为期 5 年的旅行记录，共 268 786 条。为了评估模型的推荐效果，旅游数据集被分成训练集和测试集两部分。测试集由每个用户的最后一条旅行记录构成，所有用户的其他旅行记录构成训练集。表 5.2 展示了训练集数据和测试集数据的统计信息。在数据清洗中，去掉了旅行记录少于两次的用户，从而确保每个旅行者有至少一条记录用于训练、一条用于测试。

表 5.2　训练集和测试集统计信息

	用户数	旅行套餐数	旅行记录数
训练集 T^{train}	10 812	2346	57 974
测试集 T^{test}	10 812	1824	10 812

为了有效评估 ICTM 模型的推荐效果，笔者从以下几个角度选取了适合旅行推荐的经典推荐算法与之进行比较。首先，考虑到本研究属于社会化推荐的范畴，因而选取了经典的社会化推荐方法 SocialMF 和 Citation-LDA；其次，从旅行套餐推荐的角度，选取了已有旅游套餐推荐研究中效果

最好的方法 OTM-ORS；再次，鉴于 ICTM 模型是基于 LDA 的改进模型，也将 LDA 作为基准方法之一；最后，考虑将经典的协同过滤推荐方法 UserKNN 和 ItemKNN 作为基准方法。下面分别对基准方法进行简单介绍。

SocialMF[37]是适合于评分预测的经典社会化推荐方法。它假设用户的特征向量与朋友的特征向量的加权平均尽可能相似，并通过正则项将这种相似性考虑到推荐模型中。

Citation-LDA[128]最初用于对论文中词和引用关系的生成建模。对应到本研究问题中，Citation-LDA 将每个用户视为一个文档，将用户已选择的旅行套餐看作文档的词，将与用户有过同游行为的其他用户看作文档的引用列表。该模型假设用户的物品选择和同游行为都出于用户自身的兴趣。可见，与 ICTM 模型相比，Citation-LDA 不区分不同朋友圈的影响。

OTM-ORS[51]是基于面向对象的思路提出的旅行套餐推荐模型，也属于话题模型。该模型通过对旅游记录中用户和旅行套餐的特征-值对的相关关系建模，来进行旅行套餐推荐。除了模型提出时使用的七个特征外，本研究进一步增加了旅行套餐类型、用户所在地点、用户家乡省份三个特征来提高该模型的推荐效果。

LDA 模型起源于文本分析领域，能基于文档内容发现文档的话题分布。将 LDA 应用于个性化推荐问题时，每个用户被视为一个文档，每个用户选择的旅行套餐编号作为文档的词，并通过计算用户选择具体旅行套餐的概率生成推荐列表，具体如公式(4.1)所示。

UserKNN[29]是基于用户的协同过滤，利用用户-物品选择矩阵计算用户之间的相似度，然后推荐相似用户选择过的物品。该方法采用雅克比系数(Jaccord coefficient)计算用户之间的相似度。

ItemKNN[30]是基于物品的协同过滤，该方法假设用户会喜欢和以前选择的物品相似的物品。同样采用雅克比系数基于用户-物品选择矩阵计算物品之间的相似度。

在评价准则上，本研究选取推荐领域常用的指标 AUC 来衡量推荐结果的准确性。AUC 能有效衡量推荐列表排序的正确程度，等价于一个随机选取的正例排在随机选取的负例之前的概率，计算方法如公式(5.12)所示。AUC 取值范围为[0.5,1]，AUC 值越大，则推荐质量越高。

$$\mathrm{AUC}=\frac{1}{|U|}\sum_{u}\frac{1}{|E(u)|}\sum_{(i,j)\in E(u)}\mathrm{ind}(R_{u,i}>R_{u,j}) \tag{5.12}$$

其中，$R_{u,i}$ 表示推荐系统预测的用户 u 对物品 i 的评分，$\text{ind}(R_{u,i}>R_{u,j})$ 为示性函数，$E(u)$ 为待评价的物品对集合，如公式(5.13)所示。

$$E(u):=\{(i,j)\mid(u,i)\in T_{\text{test}}\wedge(u,j)\notin(T_{\text{test}}\cup T_{\text{train}})\}\tag{5.13}$$

在参数设置上，ICTM 模型的参数的设置为 $K=100, C=30, \alpha=0.1, \beta=0.01, \rho=0.01, \tau_0=2.0, \tau_1=0.1, \gamma=0.1, \varepsilon=0.01$。其他基准方法也通过实验调节选择最好的参数设置。

5.5.2　推荐效果

表 5.3 展示了各个方法在 AUC 指标上的推荐效果比较。整体来说，ICTM 模型的推荐效果明显优于基准模型。具体来说，可以得到以下几点结论：(1)ICTM 方法优于 LDA 等非社会推荐方法，体现出 ICTM 方法引入朋友列表信息，考虑从众心理和社会影响对于提升推荐效果的作用。(2)ICTM 方法优于社会化推荐方法 Citation-LDA。两种方法使用的输入信息一致，均包含物品选择列表和朋友列表信息。不同之处在于 Citation-LDA 一致地考虑所有朋友的影响，而 ICTM 模型则区分性地考虑不同朋友圈的影响。因而，ICTM 相对于 Citation-LDA 推荐效果的提升体现出 ICTM 方法能有效地识别朋友圈，并区分不同朋友圈的影响来提高社会化推荐的质量。(3)ItemKNN 在各个方法中表现效果最差，这主要是因为该方法依赖于用户的共同选择行为计算相似度，而当用户行为数据过于稀疏时，物品之间的相似度矩阵也极为稀疏，因而无法根据物品之间的关联信息产生合理有效的推荐。

表 5.3　ICTM 与基准方法在 AUC 指标上的推荐效果比较

方法名称	AUC	方法名称	AUC
ICTM	0.788	SocialMF	0.700
Citation-LDA	0.754	UserKNN	0.693
LDA	0.741	ItemKNN	0.669
OTM-ORS	0.722		

5.5.3　话题与社区发现

ICTM 模型能根据用户的物品选择行为发现物品的聚簇，也就是本研究所说的话题。模型通过话题的物品分布 $\{\varphi_z^i\}$ 给出了每个话题在物品空间的概率表示。为了更好地发现话题所代表的自然语义，可以根据话题的物品分布$\{\varphi_z^i\}$选择每个话题的代表性物品并列出代表性物品的描述信息，从而获得对话题语义的直观了解。为此，选择了ICTM模型在旅行套餐数据集中识别的三个话题，列出每个话题下Top-3的旅行套餐的名称，如表5.4所示。因此，根据代表性旅行套餐的名称可以大致掌握该话题的语义并总结话题标签，例如话题41代表"登山徒步"活动。由此可知，ICTM模型具有较好的话题发现能力，并能通过列出话题的代表性物品的描述信息从而获得对话题语义的直观了解。

表5.4　话题发现示例分析

话题41"登山徒步"
秋季周六一天西山徒步穿越
国庆期间徽杭古道徒步穿越
国庆期间九华山攀登
话题17"领队训练"
游侠摄影盛会(百万摄影器材，上百著名模特)
专业领队与业余领队之间的户外拓展对抗赛
游侠领队与名模素质拓展训练与城市寻宝大赛
话题26"游侠夜爬"
绕西湖北郊宝石山游侠夜爬
灵隐寺附近游侠夜爬
西湖附近小吃街游侠夜爬

不仅如此，ICTM模型还能综合社会网络结构和用户选择行为进行朋友圈划分和圈子兴趣识别。本研究从旅游数据集中随机选择了一个用户，并利用Gephi开源软件绘制了该用户的一阶社会关系网络图。绘制过程如下：首先，根据用户朋友圈分布σ_m^c选择一个用户所属的S个主要朋友圈，满足该用户所属前S个朋友圈的概率和大于一定阈值(如0.95)。接着，将用户的朋友根据朋友圈的用户分布π_c^f将其分配到概率最大的这S个朋友圈之一。这样就得到了用户的朋友圈构成和每个朋友的所属朋友圈，如图5.4所示。可以看出，该用户包含5个主要朋友圈，分别用虚线圈表示。通过每个朋友圈的话题分布ω_c^z，可以得到朋友圈的兴趣，如表5.5所示，包含登山爱好者构成的朋友圈、专业领队圈、夜爬俱乐部和徒步爱好者。

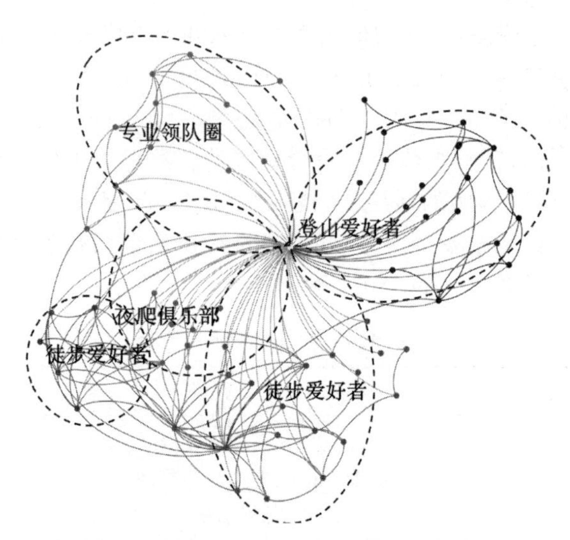

图 5.4 社区发现示例分析

表 5.5 用户各个朋友圈兴趣描述

圈子编号	圈子兴趣	圈子标签
2	喜欢登山(话题 41)	登山爱好者
20,29	喜欢春季和秋季的以户外和徒步为主的休闲游	徒步爱好者
15	喜欢户外摄影和领队培训活动(话题 17)	专业领队圈
24	喜欢每周六晚上进行城郊徒步和夜游(话题 26)	夜爬俱乐部

5.5.4 从众倾向分析

考虑到不同用户有不同程度的从众倾向(λ_u^1),本研究试图通过回归分析探究用户从众倾向与其行为模式等因素的相关关系。为此,笔者利用多元线性回归探究了用户从众倾向与物品选择数、兴趣多样性(话题分布信息熵)、朋友圈异质性(社区分布信息熵)三者之间的相关关系。分析结果如表 5.6 所示,可以发现三个因素在两个数据集上都与从众倾向在统计上显著相关。具体来说,从众倾向与用户的物品选择数和兴趣多样性均呈现正相关关系,可以看出从众倾向高的用户有更高的参与度,在物品选择时因为受不同朋友圈的影响兴趣更加多样化。另一方面,用户从众倾向和朋友圈的异质性呈现负相关关系,这主要是因为这样的用户往往处于不同朋友圈的多种价值规范和不同兴趣的冲突下,因而更不容易对某一特定朋友圈表现出从众行为。

表 5.6　用户从众倾向影响因素分析

	系数	P 值	显著性
用户选择的物品数 N_m	1.02E−02	<2.00E−16	***
用户话题分布 $\boldsymbol{\theta}_m$ 的信息熵	6.81E−02	<2.00E−16	***
用户社区分布 $\boldsymbol{\sigma}_m$ 的信息熵	−2.01E−02	<2.00E−16	***
调整 R^2		0.329	

注：*** 表示在 0.001 的水平下显著。

5.6 管理启示

本章考虑了从众心理对用户行为预测和推荐的影响，属于社会化推荐的范畴。本研究进一步证实了用户选择决策中社会影响的作用，并创造性地提出了考虑社会影响的多样性和差异性的推荐方法，给业界提出了如下几点重要的管理启示。

第一，用户选择决策受朋友影响。这一方面说明了社会化推荐方法考虑社会影响有助于提高推荐质量，另一方面也给平台社会化营销和运营模式提出了有效建议。比如，在线上电子商务旅行社中，采用旅行社交的商业模式，将“旅行套餐销售”和“旅行者社交网络”相结合，能有效利用朋友影响增加用户平台黏性和旅行套餐销售量。

第二，用户的朋友圈往往多种多样，不同的朋友圈对用户行为也存在不同的影响。ICTM 模型提供了一个根据用户物品选择行为和朋友列表自动识别用户朋友圈的有效方法。该方法不仅给出了朋友圈的构成，也能发现不同朋友圈的兴趣，因此管理者可以有效利用 ICTM 的识别结果对用户的朋友圈进行划分并推荐兴趣圈子，加强兴趣圈子对用户行为的影响，提高用户黏性和活跃度。

第三，有的用户更喜欢追求个性，而有的用户则有更强的从众心理。ICTM 模型能基于用户行为数据识别用户的从众倾向，这也提供了一个用户分群的依据。对于从众倾向高的用户，可以在物品推荐时考虑朋友的影响，在推荐展示时加上诸如“你的朋友也喜欢”这样的字眼，有可能提高用户点击的概率。相反，在给喜欢追求个性和独特性的用户进行物品推荐和展示时，则不宜强调“与朋友选择相似”，相反予以物品独特性的暗示，可能更容易吸引用户眼球。

5.7 本章小结

本章从用户从众心理的角度，考虑了社会关系和朋友圈对于用户选择行为的影响。与已有的社会化推荐研究不同，本研究着重考虑不同朋友圈的差异化影响，创造性地提出了 ICTM 模型，以提升个性化推荐的质量。总体来说，本研究得出了以下几点有意思的发现。

首先，ICTM 模型能结合社会网络结构和用户选择行为有效划分兴趣圈子，同时，在对用户的选择行为建模时，动态地考虑不同朋友圈的影响。此外，该模型还能个性化地识别不同用户的从众倾向，捕捉个性和从众对用户选择行为的影响。

其次，基于旅行数据集的实验表明，ICTM 模型能有效地考虑用户从众心理的影响，以提高个性化推荐的质量。同时，较之于已有的社会化推荐模型，该模型能自动识别朋友圈，并差异化地考虑不同圈子的影响。

再次，ICTM 模型具备较好的可解释性和通用性。该模型能有效地发现用户的兴趣和朋友圈子，其可视化的展示结果便于人的理解和感知。此外，该模型的输入项仅包括用户的物品选择列表和朋友列表，不依赖于已知的关系类型或朋友圈信息，因而该模型更具通用性和普适性。

最后，有关用户从众倾向的影响因素分析发现，用户的物品选择行为越丰富或者兴趣越多样化，从众倾向越高；用户的朋友圈异质性越高，从众倾向越低。这也为社会心理学用户从众行为的研究提供了全新的数据驱动的方法。

第6章　总结与展望

6.1　研究工作总结

本书聚焦于考虑用户心理因素的个性化推荐方法研究这一问题，属于推荐算法研究的范畴。以往推荐方法研究大多基于单纯的计算机或统计模型，忽略了用户内在心理特点和决策过程对于用户行为的影响，因而存在预测精度偏低、缺乏可解释性等问题。与之不同，本研究关注用户潜在心理因素对用户行为预测的影响，引入消费者心理和行为学的相关理论指导推荐方法设计，考虑用户心理和偏好的差异性进行个性化推荐。具体而言，本书代表性地考虑了探索、涉入和从众三种心理特质对用户行为预测和推荐方法设计的影响，分别提出了考虑探索的推荐、考虑涉入的推荐和考虑从众的推荐三个推荐模型和推荐策略，总结如下。

考虑探索的推荐关注用户探索心理对行为决策的影响，挖掘用户选择序列中的多样化探索行为以提高推荐系统的效果。为此，笔者提出一个全新的概率生成模型 GEM，将探索心理识别和用户行为建模统一起来，还提出了结合 EM 和吉布斯采样的方法进行模型求解和参数估计。基于真实的应用下载数据集的实验结果表明，GEM 推荐方法明显优于相关的已有推荐方法，展现了考虑探索心理的影响对于移动应用推荐的重要性和意义。最后，从目标、用户和应用三个层面进行了有关探索倾向的实证分析。分析发现，探索倾向高的用户更喜欢追求多样化和承担风险，且展示出更高的参与度。此外，冷门应用和评分低的应用具有更高的唤起潜力。此外，应用类别也是一个影响唤起潜力的重要指标。这些发现都给应用平台的营销和管理实践提供了有意思的启示。

考虑涉入的推荐以涉入理论为基础，通过识别用户行为决策中涉入度的高低来更好地发现用户兴趣并进行推荐。笔者基于贝叶斯框架提出了一个全新的推荐模型 IMAR，综合用户选择行为和浏览行为来推断用户兴趣和涉入度，并设计了综合考虑用户当前兴趣和整体兴趣的推荐策略。基于真实移动应用数据集的实验展示了 IMAR 方法优于经典推荐方法的特点，同时也说明了基于涉入理论设计推荐方法的优势。最后，本研究发现不同应用类的涉入唤起能力不同。具体来说，游戏类应用较之于功能类应用具有更高的涉入度，这主要是由游戏类应用的高情感驱动、娱乐价值和品牌差异导致的。可以说，该研究将涉入理论的研究从传统商品领域购买扩展到移动应用下载领域，丰富了有关涉入理论研究的实证分析结果。

考虑从众的推荐属于社会化推荐的范畴。社会化推荐试图通过考虑用户行为和朋友行为间的相似性以提高个性化推荐的质量，解决用户数据的稀疏性问题。已有的社会化推荐方法大多一致性地考虑所有朋友的影响，而本研究致力于考虑朋友影响的异质性和差异性，对用户的不同行为区分性地考虑不同朋友圈的影响。为此，笔者创造性地提出 ICTM 模型，该模型结合社会网络结构和用户的选择行为自动地划分朋友圈，识别不同圈子的兴趣，并在对用户的选择行为建模时恰当地考虑特定朋友圈的影响。旅游推荐数据集上的实验结果表明，ICTM 模型明显优于传统推荐方法(包括旅行套餐推荐和社会化推荐方法)，说明了区分不同朋友圈的影响对于提高社会化推荐的质量具有重要作用。此外，本研究还提供了基于大规模数据集识别用户从众倾向和发现兴趣圈子的有效方法，并得出了有关用户从众倾向和行为模式的相关结论。比如，从众倾向越高的用户兴趣更加多样化，朋友圈异质性越低。

综上所述，本书所述研究的创新点主要体现在两个维度——新的理念和新的方法。“新的理念”指在推荐方法的设计中显式地对用户心理因素对于行为预测和推荐的影响建模，引入用户心理学和行为学理论指导推荐方法的设计。“新的方法”指本书创造性地提出了一系列推荐模型和推荐策略，包括 GEM、IMAR 和 ICTM。这些推荐模型属于贝叶斯生成模型，通过用户行为表现挖掘潜在心理因素，并将其考虑到用户行为预测和推荐系统设计中，既显著提升了个性化推荐的质量，又使得推荐模型具有很好的可解释性。可以说，本研究立足于信息系统技术研究和行为研究的交叉点，有较强的创新性和学科交叉性，为信息系统领域技术研究和行为研究的结合提供了新的视角。一方面，行为研究的相关理论能够指导技术研究的方法设计，加强预测模型的可解释性；另一方面，技术研究也在当今新型电子商务模式和大数据背景下进一步补充和丰富了传统心理学和行为研究的实证结果。

6.2　未来研究展望

本书围绕挖掘用户的心理因素进行个性化推荐的研究，还有很多值得扩展和深入的研究方向。

首先，本书提出的推荐模型仅在旅行推荐数据集和移动应用数据集上进行了实验评估，如何扩展推荐模型的通用性、考察其在其他推荐场合（比如商品推荐）的推荐效果是一个值得研究的问题。以考虑涉入的IMAR模型为例，该模型结合应用下载行为和浏览行为进行移动应用推荐，实验结果展示出该模型相对于传统推荐模型的优势所在，尤其是对于浏览行为丰富的用户效果更为明显。考虑到在商品推荐场合，用户在购买商品前的浏览行为往往更为丰富，且涉入理论在解释消费者行为中占有重要的地位，IMAR模型有望推广到商品推荐领域，只需简单地将应用下载序列转化为商品购买序列，应用浏览强度对应为商品浏览强度。可见，扩展本书提出的推荐模型的适用场合、在多个数据集上实验是值得进一步研究的问题。另外，本书的实验部分采用的是离线实验数据集评估的方法，若有条件实行线上实验或A/B测试将能更动态、多维度地评估推荐方法的效果。此外，在展示推荐列表时可以设计一些策略以考虑用户个体的心理差异，这些都需要线上实验来更好地进行测试和评估。

其次，本书考虑不同的心理因素的作用提出了多个推荐模型，分别验证了考虑特定心理因素对于提高推荐效果的作用。对于平台而言如何选择合适的推荐模型、进行不同模型的优劣势对比分析，是一个值得进一步研究的问题。比如就IMAR和GEM模型的对比分析可知，IMAR模型更适用于浏览行为丰富的用户，而GEM模型则对缺乏浏览行为的用户能收到更好的效果。因此在未来的研究中，有必要进一步研究如何针对特定的用户群或者推荐场合，选择合适的推荐模型或组合推荐策略。此外，用户选择决策有时受到多重心理因素的综合影响，如何综合考虑不同心理因素的影响进行推荐方法设计仍有很大的研究空间。

此外，本书的模型设计也存在一些值得进一步扩展和改进的地方。比如，在考虑涉入的推荐模型IMAR中，本书着重考虑了用户的不同兴趣对于涉入度高低的影响，但尚未显式地对个体差异性对于涉入水平的影响建模。在未来的研究中，可以同时考虑兴趣层面和个体差异性二者的影响。

因此在未来的研究中可以进一步调整模型假设并修改模型设计。

最后，在未来的研究中，还可以进一步挖掘其他心理因素对于个性化推荐的作用，或者挖掘心理因素对于其他预测问题的作用。总之，利用心理学和行为学研究的相关理论指导技术研究的方法设计正成为一个有前景的研究方向，将催生出更多值得研究的问题。

参考文献

[1] Rich E. User modeling via stereotypes[J]. Cognitive Science，1979，3(4)：329-354.

[2] Powell M J D. Approximation theory and methods[M]. Cambridge university press，1981.

[3] Salton G. Developments in automatic text retrieval[J]. Science，1991，253(5023)：974-980.

[4] Armstrong J S. Principles of forecasting：a handbook for researchers and practitioners[J]. Springer Science & Business Media，2001.

[5] Murthi B，Sarkar S. The role of the management sciences in research on personalization[J]. Management Science，2003，49(10)：1344-1362.

[6] Resnick P，Iacovou N，Suchak M，et al. GroupLens：An open architecture for collaborative filtering of netnews[C]//Acm Conference on Computer Supported Cooperative Work，1994.

[7] Armstrong R，Freitag D，Joachims T，et al. Webwatcher：A learning apprentice for the world wide web[C]//AAAI Spring Symposium on Information Gathering from Heterogeneous，distributed environments，1995.

[8] Linden G，Smith B，York J. Amazon. com recommendations：Item-to-item collaborative filtering[J]. Internet Computing，IEEE，2003，7(1)：76-80.

[9] Koren Y，Bell R，Volinsky C. Matrix factorization techniques for recommender systems[J]. IEEE Computer，2009，42(8)：30-37.

[10] Hofmann T. Latent semantic models for collaborative filtering[J]. Acm Transactions on Information Systems，2004，22(1)：89-115.

[11] Steyvers M，Griffiths T. Probabilistic topic models[M]. Handbook of Latent Semantic Analysis，2007，427(7)：424-440.

[12] Gunawardana A，Shani G. A survey of accuracy evaluation metrics of recommendation tasks[J]. The Journal of Machine Learning Research，2009，10：2935-2962.

[13] Hu Y，Koren Y，Volinsky C . Collaborative filtering for implicit feedback datasets [C]//Proceedings of the 8th IEEE International Conference on Data Mining. 2008：263-272.

[14] Rendle S，Freudenthaler C，Gantner Z，et al. BPR：Bayesian Personalized Ranking from Implicit Feedback[C]//Proceedings of the Twenty-fifth Conference on Uncertainty in Artificial Intelligence. 2012：452-461.

[15] King I，Lyu M R，Ma H. Introduction to social recommendation[C]//Proceedings of the 19th International Conference on World Wide Web. 2010：1355-1356.

[16] Bao J，Zheng Y，Wilkie D，et al. Recommendations in location-based social

networks: a survey[J]. GeoInformatica,2015,19(3): 525-565.

[17] Baldauf M, Dustdar S, Rosenberg F. A survey on context-aware systems[J]. International Journal of Ad Hoc and Ubiquitous Computing, 2007, 2 (4): 263-277.

[18] Verbert K, Manouselis N, Ochoa X, et al. Context-aware recommender systems for learning: a survey and future challenges[J]. Learning Technologies, IEEE Transactions on,2012,5(4): 318-335.

[19] Wang X, Rosenblum D, Wang Y. Context-aware mobile music recommendation for daily activities[C]//Proceedings of the 20th ACM International Conference on Multimedia. 2012: 99-108.

[20] Adomavicius G, Tuzhilin A. Toward the next generation of recommender systems: A survey of the state-of-the-art and possible extensions[J]. IEEE Transactions on Knowledge and Data Engineering,2005,17(6): 734-749.

[21] Zhang F, Zheng K, Yuan N J, et al. A Novelty-Seeking based Dining Recommender System[C]//Proceedings of the 24th International Conference on World Wide Web. 2015: 1362-1372.

[22] Liu Q, Zeng X, Liu C, et al. Mining Indecisiveness in Customer Behaviors[C]// Proceedings of 2015 IEEE International Conference on Data Mining (ICDM). IEEE,2015: 281-290.

[23] Zaichkowsky J L. Measuring the involvement construct[J]. Journal of Consumer Research,1985,12(3): 341-352.

[24] Abrams D, Hogg M A. Social identification, self-categorization and social Influence[J]. European Review of Social Psychology,1990,1(1): 195-228.

[25] Koller D, Friedman N. Probabilistic graphical models: principles and techniques [M]. Springer International Publishing,2009.

[26] Baeza-Yates R A, Ribeiro-Neto B. Modern information retrieval[M]. New York: ACM Press,2011.

[27] Belkin N J, Croft W B. Information filtering and information retrieval: two sides of the same coin? [J]. Communications of the Acm,1992,35(12): 29-38.

[28] Wu H C, Luk R W P, Wong K F, et al. Interpreting tf-idf term weights as making relevance decisions[J]. ACM Transactions on Information Systems (TOIS), 2008,26(3): 13.

[29] Breese J S, Heckerman D, Kadie C. Empirical analysis of predictive algorithms for collaborative filtering [C]//Proceedings of the Fourteenth Conference on Uncertainty in Artificial Intelligence. 1998: 43-52.

[30] Sarwar B, Karypis G, Konstan J, et al. Item-based collaborative filtering recommendation algorithms [C]//Proceedings of International Conference on World Wide Web. 2001: 285-295.

[31] Deshpande M, Karypis G. Item-based top-n recommendation algorithms[J]. ACM Transactions on Information Systems (TOIS), 2004, 22(1): 143-177.

[32] Hofmann T. Collaborative filtering via gaussian probabilistic latent semantic analysis [C]//Proceedings of the 26th Annual International ACM SIGIR Conference on Research and Development in Information Retrieval. 2003: 77-184.

[33] Blei D M, Ng A Y, Jordan M I. Latent dirichlet allocation[J]. The Journal of Machine Learning Research, 2003, 3: 993-1022.

[34] Paterek A. Improving regularized singular value decomposition for collaborative filtering[C]//Proceedings of KDD Cup and Workshop. 2007: 5-8.

[35] Lee D D, Seung H S. Algorithms for non-negative matrix factorization[C]// Advances in Neural Information Processing Systems. 2001: 556-562.

[36] Salakhutdinov R, Mnih A. Probabilistic matrix factorization[C]//Advances in Neural Information Processing Systems. 2011.

[37] Jamali M, Ester M. A matrix factorization technique with trust propagation for recommendation in social networks [C]//Proceedings of the Fourth ACM Conference on Recommender Systems. 2010: 135-142.

[38] Yang B, Lei Y, Liu D, et al. Social collaborative filtering by trust [C]// Proceedings of the Twenty-Third International Joint Conference on Artificial Intelligence. 2013: 2747-2753.

[39] Rendle S, Freudenthaler C. Improving pairwise learning for item recommendationfrom implicit feedback [C]//Proceedings of the 7th ACM International Conference on Web Search and Data Mining. 2014: 273-282.

[40] Takács G, Tikk D. Alternating least squares for personalized ranking[C]// Proceedings of the Sixth ACM Conference on Recommender Systems. 2012: 83-90.

[41] Bergamaschi S, Po L, Sorrentino S. Comparing topic models for a movie recommendation system[C]//Proceedings of International Conference on Web Information Systems and Technologies. 2014: 172-183.

[42] Liu B, Xiong H. Point-of-Interest Recommendation in location based social networks with topic and location awareness[C]//Proceedings of the 2013 SIAM International Conference on Data Mining. 2013: 396-404.

[43] Wang C, Blei D M. Collaborative topic modeling for recommending scientific articles[C]//Proceedings of the 17th ACM SIGKDD International Conference on Knowledge Discovery and Data Mining. 2011: 448-456.

[44] Yu K, Zhang B, Zhu H, et al. Towards personalized context-aware recommendation by mining context logs through topic models[C]//Pacific-Asia Conference on Knowledge Discovery and Data Mining. 2012: 431-443.

[45] Kurashima T, Iwata T, Hoshide T, et al. Geo topic model: joint modeling of

user's activity area and interests for location recommendation[C]//Proceedings of the Sixth ACM International Conference on Web Search and Data Mining. 2013: 375-384.

[46] Claypool M, Gokhale A, Miranda T, et al. Combining content-based and collaborative filters in an online newspaper[R]. 1999. Citeseer.

[47] Soboroff I M, Nicholas C K. Combining Content and Collaboration in Text Filtering[C]//Proceedings of the Ijcai'99 Workshop on Machine Learning in Information Filtering, 1999.

[48] Pazzani M J. A Framework for collaborative, content-Based and demographic filtering[J]. Artificial Intelligence Review, 1999, 13(5-6): 393-408.

[49] Basu C, Hirsh H, Cohen W. Recommendation as classification: using social and content-based information in recommendation[C]//Fifteenth National/Tenth Conference on Artificial Intelligence/Innovative Applications of Artificial Intelligence, 1998: 714-720.

[50] Popescul A, Ungar L H, Pennock D M, et al. Probabilistic models for unified collaborative and content-based recommendation in sparse-data environments[J]. Uncertainty in Artificial Intelligence, 2001, 17: 437-444.

[51] Tan C, Liu Q, Chen E, et al. Object-oriented travel package recommendation[J]. ACM Transactions on Intelligent Systems and Technology (TIST), 2014, 5(3): 43.

[52] Liu Q, Chen E, Xiong H, et al. A cocktail approach for travel package recommendation[J]. IEEE Transactions on Knowledge and Data Engineering, 2014, 26(2): 278-293.

[53] Ge Y, Liu Q, Xiong H, et al. Cost-aware travel tour recommendation[C]//Proceedings of the 17th ACM SIGKDD International Conference on Knowledge Discovery and Data Mining, 2011: 983-991.

[54] Mcpherson M, Cook J M. Birds of a feather: Homophily in social networks[J]. Annual Review of Sociology, 2001, 27(1): 415-444.

[55] Cialdini R B, Goldstein N J. Social influence: Compliance and conformity[J]. Annual Review of Psychology, 2004, 55: 591-621.

[56] Ma H, King I, Lyu M R. Learning to recommend with social trust ensemble[C]//Proceedings of the 32nd International ACM SIGIR Conference on Research and Development in Information Retrieval, 2009: 203-210.

[57] Guo G, Zhang J, Yorkesmith N. TrustSVD: Collaborative Filtering with Both the Explicit and Implicit Influence of User Trust and of Item Ratings[C]//Twenty-Ninth AAAI Conference on Artificial Intelligence, 2015.

[58] Ma H, Zhou D, Liu C, et al. Recommender systems with social regularization[C]//Proceedings of the Fourth ACM International Conference on Web Search

and Data Mining,2011: 287-296.

[59] Yuan Q,Chen L,Zhao S. Factorization vs. regularization: fusing heterogeneous social relationships in top-n recommendation[C]//Proceedings of the Fifth ACM Conference on Recommender Systems,2011: 245-252.

[60] Yang X,Steck H,Liu Y. Circle-based recommendation in online social networks [C]//Proceedings of the 18th ACM SIGKDD International Conference on Knowledge Discovery and Data Mining,2012: 1267-1275.

[61] Shi K, Ali K. GetJar mobile application recommendations with very sparse datasets[C]//Proceedings of the 18th ACM SIGKDD International Conference on Knowledge Discovery and Data Mining,2012: 204-212.

[62] Yin P, Luo P, Lee W C, et al. App recommendation: A contest between satisfaction and temptation[C]//Proceedings of the Sixth ACM International Conference on Web Search and Data Mining,2013: 395-404.

[63] Zhu H,Xiong H,Ge Y,et al. Mobile app recommendations with security and privacy awareness[C]//Proceedings of the 20th ACM SIGKDD International Conference on Knowledge Discovery and Data Mining,2014: 951-960.

[64] Karatzoglou A,Baltrunas L,Church K,et al. Climbing the app wall: enabling mobile app discovery through context-aware recommendations,2012: 2527-2530.

[65] Liu B, Kong D, Cen L, et al. Personalized mobile app recommendation: Reconciling app functionality and user privacy preference[C]//Proceedings of the 21st ACM International Conference on Information and Knowledge Management, 2015: 315-324.

[66] Lin J,Sugiyama K,Kan M Y,et al. Addressing cold-start in app recommendation: latent user models constructed from twitter followers[C]//Proceedings of the 36th international ACM SIGIR conference on Research and development in information retrieval,2013: 283-292.

[67] Qi L,Yong G,Li Z,et al. Personalized travel package recommendation[C]//IEEE International Conference on Data Mining,2011: 407-416.

[68] Currie R R,Wesley F,Sutherland P. Going where the Joneses go: Understanding how others influence travel decision-making[J]. International Journal of Culture, Tourism and Hospitality Research,2008,2(1): 12-24.

[69] Gitelson R,Kerstetter D. The influence of friends and relatives in travel decision-making[J]. Journal of Travel & Tourism Marketing,1995,3(3): 59-68.

[70] Sirakaya E,Woodside A G. Building and testing theories of decision making by travellers[J]. Tourism Management,2005,26(6): 815-832.

[71] Jeng J,Fesenmaier D R. Conceptualizing the travel decision-making hierarchy: A review of recent developments[J]. Tourism Analysis,2002,7(1): 15-32.

[72] Murphy L,Mascardo G,Benckendorff P. Exploring word-of-mouth influences on

travel decisions: friends and relatives vs. other travellers[J]. International Journal of Consumer Studies,2007,31(5): 517-527.

[73] Helm R, Landschulze S. Optimal stimulation level theory, exploratory consumer behaviour and product adoption: an analysis of underlying structures across product categories[J]. Review of Managerial Science,2008,3(1): 41-73.

[74] Steenkamp J B E M, Baumgartner H. The role of optimum stimulation level in exploratory consumer behavior[J]. Journal of Consumer Research,1992,19(3): 434-448.

[75] Baumgartner H, Steenkamp J B E M. Exploratory consumer buying behavior: Conceptualization and measurement [J]. International Journal of Research in Marketing,1996,13(2): 121-137.

[76] Raju P S. Optimum Stimulation Level: Its relationship to personality, demographics, and exploratory Behavior[J]. Journal of Consumer Research,1980,7(7): 272-282.

[77] Steenkamp J B E M, Burgess S M. Optimum stimulation level and exploratory consumer behavior in an emerging consumer market[J]. International Journal of Research in Marketing,2002,19(2): 131-150.

[78] Berlyne D E. Motivational problems raised by exploratory and epistemic behavior [C]//Psychology: A Study of Science. 1962: 284-364.

[79] Mehrabian A, Russell J A. A measure of arousal seeking tendency [J]. Environment & Behavior,1973,5(3): 315-333.

[80] Lynn M L, Jozell B. The change seeker index: A measure of the need for variable stimulus input[J]. Psychological Reports,1964,14(3): 919-924.

[81] Zuckerman M. Sensation seeking (psychology revivals): Beyond the optimal level of arousal[M]. Psychology Press,2014.

[82] Engel J F, Blackwell R D, Miniard P W. Consumer behavior[M]. Fort Worth, TX: Dryden,1993.

[83] Bloch P H, Sherrell D L, Ridgway N M. Consumer search: An extended framework[J]. Journal of Consumer Research,1986,13(1): 119-126.

[84] Celsi R L, Olson J C. The role of involvement in attention and comprehension processes[J]. Journal of Consumer Research,1988,15(2): 210-224.

[85] Yoo C Y, Stout P A. Factors affecting users' interactivity with the web site and the consequences of users' interactivity [C]//Proceedings of the Conference-American Academy of Advertising,2001: 53-61.

[86] Park D-H, Lee J, Han I. The effect of on-line consumer reviews on consumer purchasing intention: The moderating role of involvement [J]. International Journal of Electronic Commerce,2007,11(4): 125-148.

[87] Ha Y, Lennon S J. Effects of site design on consumer emotions: role of product

involvement[J]. Journal of Research in Interactive Marketing,2010,4(2): 80-96.

[88] Beatty S E,Smith S M. External search effort: An investigation across several product categories[J]. Journal of Consumer Research,1987,14(1): 83-95.

[89] Mittal B. Must consumer involvement always imply more information search? [J]. NA-Advances in Consumer Research,1989,16: 167-172.

[90] Chaiken S. Heuristic versus systematic information processing and the use of source versus message cues in persuasion[J]. Journal of Personality and Social Psychology,1980,39(5): 752.

[91] McColl-Kennedy J R,Fetter Jr R E. An empirical examination of the involvement to external search relationship in services marketing[J]. Journal of Services Marketing,2001,15(2): 82-98.

[92] Gu B,Park J,Konana P. Research note—the impact of external word-of-mouth sources on retailer sales of high-involvement products[J]. Information Systems Research,2012,23(1): 182-196.

[93] Chaudhuri A. A macro analysis of the relationship of product involvement and information search: The role of risk[J]. Journal of Marketing Theory and Practice,2000,8(1): 1-15.

[94] Dibb S,Michaelidou N. Consumer involvement: a new perspective[J]. Marketing Review,2008,8(1): 83-99.

[95] Stone R N. The marketing characteristics of involvement[J]. Advances in Consumer Research,1984,11(4): 210-215.

[96] Houston M J,Rothschild M L. Conceptual and methodological perspectives on involvement[C]//Proceedings of Research Frontiers in Marketing Dialogues & Directions,1978.

[97] Laurent G,Kapferer J-N. Measuring consumer involvement profiles[J]. Journal of Marketing Research,1985: 41-53.

[98] Kannan P,Chang A-M,Whinston A B. Wireless commerce: marketing issues and possibilities[C]//Proceedings of the 34th Annual Hawaii International Conference on System Sciences,2001.

[99] Nicolau J L. Direct versus indirect channels: Differentiated loss aversion in a high-involvement,non-frequently purchased hedonic product[J]. European Journal of Marketing,2013,47(1/2): 260-278.

[100] Bloch P H. The product enthusiast: Implications for marketing strategy[J]. Journal of Consumer Marketing,1986,3(3): 51-62.

[101] Deutsch M,Gerard H B. A study of normative and informational social influences upon individual judgment[J]. The Journal of Abnormal and Social Psychology,1955,51(3): 629.

[102] Abrams D,Wetherell M,Cochrane S,et al. Knowing what to think by knowing

who you are: Self-categorization and the nature of norm formation, conformity and group polarization[J]. British Journal of Social Psychology, 1990, 29(2): 97-119.

[103] Hogg M A, Hardie E A. Prototypicality, conformity and depersonalized attraction: A self-categorization analysis of group cohesiveness [J]. British Journal of Social Psychology, 1992, 31(1): 41-56.

[104] Voci A. Relevance of social categories, depersonalization and group processes: two field tests of self-categorization theory [J]. European Journal of Social Psychology, 2006, 36(1): 73-90.

[105] Reitan H T, Shaw M E. Group membership, sex-composition of the group, and conformity behavior[J]. The Journal of Social Psychology, 1964, 64(1): 45-51.

[106] Sistrunk F, McDavid J W. Sex variable in conforming behavior[J]. Journal of Personality and Social Psychology, 1971, 17(2): 200.

[107] Appley M H, Moeller G. Conforming behavior and personality variables in college women [J]. The Journal of Abnormal and Social Psychology, 1963, 66(3): 284.

[108] Bond R, Smith P B. Culture and conformity: A meta-analysis of studies using Asch's (1952b, 1956) line judgment task [J]. Psychological Bulletin, 1996, 119(1): 111.

[109] Lascu D-N, Zinkhan G. Consumer conformity: review and applications for marketing theory and practice[J]. Journal of Marketing Theory and Practice, 1999, 7(3): 1-12.

[110] Park J, Feinberg R. E-formity: consumer conformity behaviour in virtual communities[J]. Journal of Research in Interactive Marketing, 2010, 4 (3): 197-213.

[111] Venkatesan M. Experimental study of consumer behavior conformity and independence[J]. Journal of Marketing Research, 1966: 384-387.

[112] Chen Y-F. Herd behavior in purchasing books online[J]. Computers in Human Behavior, 2008, 24(5): 1977-1992.

[113] Bearden W O, Netemeyer R G, Teel J E. Measurement of consumer susceptibility to interpersonal influence [J]. Journal of Consumer Research, 1989: 473-481.

[114] Gupta S, Ogden D T. To buy or not to buy? A social dilemma perspective on green buying[J]. Journal of Consumer Marketing, 2009, 26(6): 376-391.

[115] Luo X. How does shopping with others influence impulsive purchasing? [J]. Journal of Consumer Psychology, 2005, 15(4): 288-294.

[116] Schuster - Böckler B, Bateman A. An Introduction to Hidden Markov Models [J]. IEEE Assp Magazine, 2007, 3(1): 4-16.

[117] Dempster A. Maximum likelihood from incomplete data via the EM algorithm [J]. Journal of the Royal Statistical Society, 1977, 39(1): 1-38.

[118] Heinrich G. Parameter estimation for text analysis[M]. Technical Report, 2005.

[119] Beatty S E, Homer P, Kahle L R. The involvement-commitment model: Theory and implications[J]. Journal of Business Research, 1988, 16(2): 149-167.

[120] Moe W W. Buying, searching, or browsing: Differentiating between online shoppers using in-store navigational clickstream [J]. Journal of Consumer Psychology, 2003, 13(1): 29-39.

[121] VAN TRIJP H C M, Hoyer W D, Inman J J. Why Switch? Product category: level explanations for true variety-seeking behavior[J]. Journal of Marketing Research, 1996, 33(3): 281-292.

[122] Hoyer W D, Ridgway N M. Variety seeking as an explanation for exploratory purchase behavior: A theoretical model [J]. NA-Advances in Consumer Research. 1984, 11: 114-119.

[123] Schein A I, Popescul A, Ungar L H, et al. Methods and metrics for cold-start recommendations[C]//Proceedings of the 25th ACM SIGIR Conference on Research and Development in Information Retrieval, 2002, 39(5): 253-260.

[124] Friedman J, Hastie T, Tibshirani R. The elements of statistical learning[M]. Springer Series in Statistics Springer, Berlin, 2001.

[125] Dougherty J, Kohavi R, Sahami M . Supervised and unsupervised discretization of continuous features[J]. Machine Learning Proceedings, 1995(2): 194-202.

[126] Sherif C W, Sherif M, Nebergall R E. Attitude and Attitude Change: The Social Judgment-Involvement Approach [J]. American Sociological Review, 1966, 31(2).

[127] Turner J C, Hogg M A, Oakes P J, et al. Rediscovering the social group: A self-categorization theory[M]. Basil Blackwell, 1987.

[128] Wang X, Zhai C, Roth D. Understanding evolution of research themes: a probabilistic generative model for citations[C]//Proceedings of the 19th ACM SIGKDD International Conference on Knowledge Discovery and Data Mining, 2013: 1115-1123.

附录A　GEM模型参数学习推导细节

首先，重复相似度序列的对数似然度 L，如下所示：

$$L = \sum_{m=1}^{M}\sum_{n=2}^{N_m}\ln\sum_{e=0}^{1}\frac{\lambda_m^e}{\sqrt{2\pi\sigma_e^2}}\exp\left[-\frac{(s_{m,n}-\mu_e)^2}{2\sigma_e^2}\right] \tag{A.1}$$

观察对数似然度 L 的表达式可知，该式对数函数里包含求和项，这使得难以对 L 直接求导。为此，采用EM算法来进行参数估计，通过一定的数学变换寻求对数似然度 L 的下界，如下所示：

$$\begin{aligned}
L &= \sum_{m=1}^{M}\sum_{n=2}^{N_m}\ln\sum_{e=0}^{1}\frac{\lambda_m^e}{\sqrt{2\pi\sigma_e^2}}\exp\left[-\frac{(s_{m,n}-\mu_e)^2}{2\sigma_e^2}\right] \\
&= \sum_{m=1}^{M}\sum_{n=2}^{N_m}\ln\sum_{e=0}^{1}q_{m,n}^e\frac{\frac{\lambda_m^e}{\sqrt{2\pi\sigma_e^2}}\exp\left[-\frac{(s_{m,n}-\mu_e)^2}{2\sigma_e^2}\right]}{q_{m,n}^e} \\
&\geqslant \sum_{m=1}^{M}\sum_{n=2}^{N_m}\sum_{e=0}^{1}q_{m,n}^e\ln\frac{\frac{\lambda_m^e}{\sqrt{2\pi\sigma_e^2}}\exp\left[-\frac{(s_{m,n}-\mu_e)^2}{2\sigma_e^2}\right]}{q_{m,n}^e} \\
&= L_0
\end{aligned} \tag{A.2}$$

根据Jensen不等式，上述不等号可以去掉的条件为 $\frac{\frac{\lambda_m^e}{\sqrt{2\pi\sigma_e^2}}\exp\left[-\frac{(s_{m,n}-\mu_e)^2}{2\sigma_e^2}\right]}{q_{m,n}^e}=c$，其中 c 为常量且 $q_{m,n}^e$ 是每一个相似度值 $s_{m,n}$ 在 e 上的后验分布，满足 $\sum_{e=0}^{1}q_{m,n}^e=1$。因而，可设置 $q_{m,n}^e$ 如下所示。

$$q_{m,n}^e=\frac{p(s_{m,n},e;\boldsymbol{\lambda},\boldsymbol{u},\boldsymbol{\sigma})}{\sum_{e=0}^{1}p(s_{m,n},e;\boldsymbol{\lambda},\boldsymbol{u},\boldsymbol{\sigma})}=\frac{\frac{\lambda_m^e}{\sqrt{2\pi\sigma_e^2}}\exp\left[-\frac{(s_{m,n}-\mu_e)^2}{2\sigma_e^2}\right]}{\sum_{e=0}^{1}\frac{\lambda_m^e}{\sqrt{2\pi\sigma_e^2}}\exp\left[-\frac{(s_{m,n}-\mu_e)^2}{2\sigma_e^2}\right]} \tag{A.3}$$

式(A.3)即公式(3.5)。也就是说，在 E 步骤中，假设已知 μ_e 和 σ_e 的取值，根据公式(3.5)更新 $q^e_{m,n}$ 的取值，来不断优化 L 的下界 L_0。

接着，在 M 步骤中，更新高斯分布参数 μ_e 和 σ_e 的值，以最大化 L_0。为此，分别求解 L_0 相对于 μ_e 和 σ_e 的梯度。

首先是 L_0 相对于 μ_e 梯度，如下所示：

$$\frac{\partial}{\partial \mu_e}\sum_{m=1}^{M}\sum_{n=2}^{N_m}\sum_{e=0}^{1} q^e_{m,n}\ln\frac{\frac{\lambda^e_m}{\sqrt{2\pi\sigma^2_e}}\exp\left[-\frac{(s_{m,n}-\mu_e)^2}{2\sigma^2_e}\right]}{q^e_{m,n}}$$
$$=\sum_{m=1}^{M}\sum_{n=2}^{N_m} q^e_{m,n}\frac{s_{m,n}-\mu_e}{\sigma^2_e} \tag{A.4}$$

令公式(A.4)为 0，即得公式(3.6)。

接着，计算 L_0 相对于 σ_e 的梯度，如下所示，

$$\frac{\partial}{\partial \sigma_e}\sum_{m=1}^{M}\sum_{n=2}^{N_m}\sum_{e=0}^{1} q^e_{m,n}\ln\frac{\frac{\lambda^e_m}{\sqrt{2\pi\sigma^2_e}}\exp\left[-\frac{(s_{m,n}-\mu_e)^2}{2\sigma^2_e}\right]}{q^e_{m,n}}$$
$$=\sum_{m=1}^{M}\sum_{n=2}^{N_m} q^e_{m,n}\left[-\frac{1}{\sigma_e}+\frac{(s_{m,n}-\mu_e)^2}{\sigma_e{}^3}\right] \tag{A.5}$$

令公式(A.5)为 0，即得公式(3.7)。

附录 B IMAR 模型参数学习推导细节

下面是公式(4.5)的推导过程。

首先,重复公式(4.2),

$$p(z_{m,n} \mid z_{-(m,n)},\boldsymbol{i},\boldsymbol{e},\boldsymbol{f},\boldsymbol{\alpha},\boldsymbol{\beta},\boldsymbol{\tau},\boldsymbol{\varepsilon})
=\frac{p(z,\boldsymbol{i},\boldsymbol{e},\boldsymbol{f} \mid \boldsymbol{\alpha},\boldsymbol{\beta},\boldsymbol{\tau},\boldsymbol{\varepsilon})}{p(z_{-(m,n)},\boldsymbol{i},\boldsymbol{e},\boldsymbol{f} \mid \boldsymbol{\alpha},\boldsymbol{\beta},\boldsymbol{\tau},\boldsymbol{\varepsilon})} \propto p(z,\boldsymbol{i},\boldsymbol{e},\boldsymbol{f} \mid \boldsymbol{\alpha},\boldsymbol{\beta},\boldsymbol{\tau},\boldsymbol{\varepsilon}) \tag{B.1}$$

同样,重复公式(4.4):

$$\begin{aligned}
&p(z,\boldsymbol{i},\boldsymbol{e},\boldsymbol{f} \mid \boldsymbol{\alpha},\boldsymbol{\beta},\boldsymbol{\tau},\boldsymbol{\varepsilon})\\
&=\iiiint p(z,\boldsymbol{i},\boldsymbol{e},\boldsymbol{f},\boldsymbol{\theta},\boldsymbol{\varphi},\boldsymbol{\lambda},\boldsymbol{\pi} \mid \boldsymbol{\alpha},\boldsymbol{\beta},\boldsymbol{\tau},\boldsymbol{\varepsilon})\,\mathrm{d}\boldsymbol{\theta}\,\mathrm{d}\boldsymbol{\varphi}\,\mathrm{d}\boldsymbol{\lambda}\,\mathrm{d}\boldsymbol{\pi}\\
&=\iiiint p(z \mid \boldsymbol{\theta})p(i \mid \boldsymbol{\varphi},z)p(e \mid \boldsymbol{\lambda},z)p(f \mid \boldsymbol{\pi},e)\times\\
&\quad p(\boldsymbol{\theta} \mid \boldsymbol{\alpha})p(\boldsymbol{\varphi} \mid \boldsymbol{\beta})p(\boldsymbol{\lambda} \mid \boldsymbol{\tau})p(\boldsymbol{\pi} \mid \boldsymbol{\varepsilon})\,\mathrm{d}\boldsymbol{\theta}\,\mathrm{d}\boldsymbol{\varphi}\,\mathrm{d}\boldsymbol{\lambda}\,\mathrm{d}\boldsymbol{\pi}\\
&=\int p(z \mid \boldsymbol{\theta})p(\boldsymbol{\theta} \mid \boldsymbol{\alpha})\mathrm{d}\boldsymbol{\theta}\int p(i \mid \boldsymbol{\varphi},z)p(\boldsymbol{\varphi} \mid \boldsymbol{\beta})\mathrm{d}\boldsymbol{\varphi}\times\\
&\quad\int p(e \mid \boldsymbol{\lambda},z)p(\boldsymbol{\lambda} \mid \boldsymbol{\tau})\mathrm{d}\boldsymbol{\lambda}\int p(f \mid \boldsymbol{\pi},e)p(\boldsymbol{\pi} \mid \boldsymbol{\varepsilon})\mathrm{d}\boldsymbol{\pi}
\end{aligned} \tag{B.2}$$

整合公式(B.1)和公式(B.2)并去掉不包含变量 $z_{m,n}$ 的项 $\int p(f \mid \boldsymbol{\pi},e)p(\boldsymbol{\pi} \mid \boldsymbol{\varepsilon})\mathrm{d}\boldsymbol{\pi}$,得到,

$$\begin{aligned}
&p(z_{m,n} \mid z_{-(m,n)},\boldsymbol{i},\boldsymbol{e},\boldsymbol{f},\boldsymbol{\alpha},\boldsymbol{\beta},\boldsymbol{\tau},\boldsymbol{\varepsilon}) \propto\\
&\quad\int p(z \mid \boldsymbol{\theta})p(\boldsymbol{\theta} \mid \boldsymbol{\alpha})\mathrm{d}\boldsymbol{\theta}\int p(i \mid \boldsymbol{\varphi},z)p(\boldsymbol{\varphi} \mid \boldsymbol{\beta})\mathrm{d}\boldsymbol{\varphi}\int p(e \mid \boldsymbol{\lambda},z)p(\boldsymbol{\lambda} \mid \boldsymbol{\tau})\mathrm{d}\boldsymbol{\lambda}
\end{aligned} \tag{B.3}$$

$$\begin{aligned}
&\int p(z \mid \boldsymbol{\theta})p(\boldsymbol{\theta} \mid \boldsymbol{\alpha})\mathrm{d}\boldsymbol{\theta}\int p(i \mid \boldsymbol{\varphi},z)p(\boldsymbol{\varphi} \mid \boldsymbol{\beta})\mathrm{d}\boldsymbol{\varphi}\int p(e \mid \boldsymbol{\lambda},z)p(\boldsymbol{\lambda} \mid \boldsymbol{\tau})\mathrm{d}\boldsymbol{\lambda}\\
&=\int\prod_{m=1}^{M}p(\theta_m \mid \alpha)\prod_{m=1}^{M}\prod_{n=1}^{N_m}p(z_{m,n} \mid \theta_m)\mathrm{d}\boldsymbol{\theta}\times\\
&\quad\int\prod_{k=1}^{K}p(\varphi_k \mid \beta)\prod_{m=1}^{M}\prod_{n=1}^{N_m}p(i_{m,n} \mid \varphi_{z_{m,n}})\mathrm{d}\boldsymbol{\varphi}\times\\
&\quad\int\prod_{k=1}^{K}p(\lambda_k \mid \tau)\prod_{m=1}^{M}\prod_{n=1}^{N_m}p(e_{m,n} \mid \lambda_{z_{m,n}})\mathrm{d}\boldsymbol{\lambda}
\end{aligned}$$

〈用密度函数替换相应的概率项〉

$$=\int \prod_{m=1}^{M} \frac{\Gamma\left(\sum_{k=1}^{K}\alpha_k\right)}{\prod_{k=1}^{K}\Gamma(\alpha_k)} \prod_{k=1}^{K}\theta_{m,k}^{\alpha_k-1} \prod_{m=1}^{M}\prod_{n=1}^{N_m}\theta_{m,z_{m,n}}\,\mathrm{d}\theta \times$$

$$\int \prod_{k=1}^{K} \frac{\Gamma\left(\sum_{i=1}^{V}\beta_i\right)}{\prod_{i=1}^{V}\Gamma(\beta_i)} \prod_{i=1}^{V}\varphi_{k,i}^{\beta_i-1} \prod_{m=1}^{M}\prod_{n=1}^{N_m}\varphi_{z_{m,n},i_{m,n}}\,\mathrm{d}\varphi \times$$

$$\int \prod_{k=1}^{K} \frac{\Gamma\left(\sum_{e=1}^{E}\tau_e\right)}{\prod_{e=1}^{E}\Gamma(\tau_e)} \prod_{e=1}^{E}\lambda_{k,e}^{\tau_e-1} \prod_{m=1}^{M}\prod_{n=1}^{N_m}\lambda_{z_{m,n},e_{m,n}}\,\mathrm{d}\lambda$$

〈分类整合连乘项，用和计数代替〉

$$=\prod_{m=1}^{M}\int \frac{\Gamma\left(\sum_{k=1}^{K}\alpha_k\right)}{\prod_{k=1}^{K}\Gamma(\alpha_k)} \prod_{k=1}^{K}\theta_{m,k}^{\alpha_k-1+c_{m,k,*,*,*}}\,\mathrm{d}\boldsymbol{\theta}_m \times$$

$$\prod_{k=1}^{K}\int \frac{\Gamma\left(\sum_{i=1}^{V}\beta_i\right)}{\prod_{i=1}^{V}\Gamma(\beta_i)} \prod_{i=1}^{V}\varphi_{k,i}^{\beta_i-1+c_{*,k,i,*,*}}\,\mathrm{d}\boldsymbol{\varphi}_k \times$$

$$\prod_{k=1}^{K}\int \frac{\Gamma\left(\sum_{e=1}^{E}\tau_e\right)}{\prod_{e=1}^{E}\Gamma(\tau_e)} \prod_{e=1}^{E}\lambda_{k,e}^{\tau_e-1+c_{*,k,*,e,*}}\,\mathrm{d}\boldsymbol{\lambda}_k$$

$$=\prod_{m=1}^{M} \frac{\Gamma\left(\sum_{k=1}^{K}\alpha_k\right)}{\prod_{k=1}^{K}\Gamma(\alpha_k)} \frac{\prod_{k=1}^{K}\Gamma(\alpha_k+c_{m,k,*,*,*})}{\Gamma\left(\sum_{k=1}^{K}\alpha_k+c_{m,k,*,*,*}\right)} \int \frac{\Gamma\left(\sum_{k=1}^{K}\alpha_k+c_{m,k,*,*,*}\right)}{\prod_{k=1}^{K}\Gamma(\alpha_k+c_{m,k,*,*,*})} \times$$

$$\prod_{k=1}^{K}\theta_{m,k}^{\alpha_k-1+c_{m,k,*,*,*}}\,\mathrm{d}\boldsymbol{\theta}_m \times$$

$$\prod_{k=1}^{K}\frac{\Gamma\left(\sum_{i=1}^{V}\beta_i\right)}{\prod_{i=1}^{V}\Gamma(\beta_i)}\frac{\prod_{i=1}^{V}\Gamma(\beta_i+c_{*,k,i,*,*})}{\Gamma\left(\sum_{i=1}^{V}\beta_i+c_{*,k,i,*,*}\right)}\int\frac{\Gamma\left(\sum_{i=1}^{V}\beta_i+c_{*,k,i,*,*}\right)}{\prod_{i=1}^{V}\Gamma(\beta_i+c_{*,k,i,*,*})}\times$$

$$\prod_{i=1}^{V}\varphi_{k,i}^{\beta_i-1+c_{*,k,i,*,*}}\,\mathrm{d}\boldsymbol{\varphi}_k\times$$

$$\prod_{k=1}^{K}\frac{\Gamma\left(\sum_{e=1}^{E}\tau_e\right)}{\prod_{e=1}^{E}\Gamma(\tau_e)}\frac{\prod_{e=1}^{E}\Gamma(\tau_e+c_{*,k,*,e,*})}{\Gamma\left(\sum_{e=1}^{E}\tau_e+c_{*,k,*,e,*}\right)}\int\frac{\Gamma\left(\sum_{e=1}^{E}\tau_e+c_{*,k,*,e,*}\right)}{\prod_{e=1}^{E}\Gamma(\tau_e+c_{*,k,*,e,*})}\times$$

$$\prod_{e=1}^{E}\lambda_{k,e}^{\tau_e-1+c_{*,k,*,e,*}}\,\mathrm{d}\boldsymbol{\lambda}_k$$

〈所有积分项都等于 1〉

$$=\prod_{m=1}^{M}\frac{\Gamma\left(\sum_{k=1}^{K}\alpha_k\right)}{\prod_{k=1}^{K}\Gamma(\alpha_k)}\frac{\prod_{k=1}^{K}\Gamma(\alpha_k+c_{m,k,*,*,*})}{\Gamma\left(\sum_{k=1}^{K}\alpha_k+c_{m,k,*,*,*}\right)}\times$$

$$\prod_{k=1}^{K}\frac{\Gamma\left(\sum_{i=1}^{V}\beta_i\right)}{\prod_{i=1}^{V}\Gamma(\beta_i)}\frac{\prod_{i=1}^{V}\Gamma(\beta_i+c_{*,k,i,*,*})}{\Gamma\left(\sum_{i=1}^{V}\beta_i+c_{*,k,i,*,*}\right)}\times$$

$$\prod_{k=1}^{K}\frac{\Gamma\left(\sum_{e=1}^{E}\tau_e\right)}{\prod_{e=1}^{E}\Gamma(\tau_e)}\frac{\prod_{e=1}^{E}\Gamma(\tau_e+c_{*,k,*,e,*})}{\Gamma\left(\sum_{e=1}^{E}\tau_e+c_{*,k,*,e,*}\right)}\tag{B.4}$$

去掉公式(B.4)中不包含 $z_{m,n}$ 的常数项，得到，

$$p(z_{m,n}\mid\boldsymbol{z}_{-(m,n)},\boldsymbol{i},\boldsymbol{e},\boldsymbol{f},\boldsymbol{\alpha},\boldsymbol{\beta},\boldsymbol{\tau},\boldsymbol{\varepsilon})\propto$$

$$\frac{\prod_{k=1}^{K}\Gamma(\alpha_k+c_{m,k,*,*,*})}{\Gamma\left(\sum_{k=1}^{K}\alpha_k+c_{m,k,*,*,*}\right)}\prod_{k=1}^{K}\frac{\Gamma(\beta_{i_{m,n}}+c_{*,k,i_{m,n},*,*})}{\Gamma\left(\sum_{i=1}^{V}\beta_i+c_{*,k,i,*,*}\right)}\times$$

$$\prod_{k=1}^{K}\frac{\Gamma(\tau_{e_{m,n}}+c_{*,k,*,e_{m,n},*})}{\Gamma\left(\sum_{e=1}^{E}\tau_e+c_{*,k,*,e,*}\right)}\tag{B.5}$$

运用 Gamma 函数性质 $\Gamma(x+1)=x\Gamma(x)$，公式(B.5)右边项变成，

$$
\frac{\prod_{k=1}^{K}\Gamma(\alpha_k+c_{m,k,*,*,*})}{\Gamma\left(\sum_{k=1}^{K}\alpha_k+c_{m,k,*,*,*}\right)}\prod_{k=1}^{K}\frac{\Gamma(\beta_{i_{m,n}}+c_{*,k,i_{m,n},*,*})}{\Gamma\left(\sum_{i=1}^{V}\beta_i+c_{*,k,i,*,*}\right)}\prod_{k=1}^{K}\frac{\Gamma(\tau_{e_{m,n}}+c_{*,k,*,e_{m,n},*})}{\Gamma\left(\sum_{e=1}^{E}\tau_e+c_{*,k,*,e,*}\right)}
$$

$$
\begin{aligned}
=&\frac{\prod_{k\neq z_{m,n}}\Gamma(\alpha_k+c_{m,k,*,*,*}^{-(m,n)})}{\Gamma\left(1+\sum_{k=1}^{K}\alpha_k+c_{m,k,*,*,*}^{-(m,n)}\right)}\Gamma(\alpha_{z_{m,n}}+c_{m,z_{m,n},*,*,*}^{-(m,n)})\times\\
&(\alpha_{z_{m,n}}+c_{m,z_{m,n},*,*,*}^{-(m,n)})\times\\
&\prod_{k\neq z_{m,n}}\frac{\Gamma(\beta_{i_{m,n}}+c_{*,k,i_{m,n},*,*}^{-(m,n)})}{\Gamma\left(\sum_{i=1}^{V}\beta_i+c_{*,k,i,*,*}^{-(m,n)}\right)}\frac{\Gamma(\beta_{i_{m,n}}+c_{*,z_{m,n},i_{m,n},*,*}^{-(m,n)})}{\Gamma\left(\sum_{i=1}^{V}\beta_i+c_{*,z_{m,n},i,*,*}^{-(m,n)}\right)}\times\\
&\frac{\beta_{i_{m,n}}+c_{*,z_{m,n},i_{m,n},*,*}^{-(m,n)}}{\sum_{i=1}^{V}\beta_i+c_{*,z_{m,n},i,*,*}^{-(m,n)}}\times\\
&\prod_{k\neq z_{m,n}}\frac{\Gamma(\tau_{e_{m,n}}+c_{*,k,*,e_{m,n},*}^{-(m,n)})}{\Gamma\left(\sum_{e=1}^{E}\tau_e+c_{*,k,*,e,*}^{-(m,n)}\right)}\frac{\Gamma(\tau_{e_{m,n}}+c_{*,z_{m,n},*,e_{m,n},*}^{-(m,n)})}{\Gamma\left(\sum_{e=1}^{E}\tau_e+c_{*,z_{m,n},*,e,*}^{-(m,n)}\right)}\times\\
&\frac{\tau_{e_{m,n}}+c_{*,z_{m,n},*,e_{m,n},*}^{-(m,n)}}{\sum_{e=1}^{E}\tau_e+c_{*,z_{m,n},*,e,*}^{-(m,n)}}
\end{aligned}
$$

$$
\begin{aligned}
=&\frac{\prod_{k=1}^{K}\Gamma(\alpha_k+c_{m,k,*,*,*}^{-(m,n)})}{\Gamma\left(1+\sum_{k=1}^{K}\alpha_k+c_{m,k,*,*,*}^{-(m,n)}\right)}(\alpha_{z_{m,n}}+c_{m,z_{m,n},*,*,*}^{-(m,n)})\times\\
&\prod_{k=1}^{K}\frac{\Gamma(\beta_{i_{m,n}}+c_{*,k,i_{m,n},*,*}^{-(m,n)})}{\Gamma\left(\sum_{i=1}^{V}\beta_i+c_{*,k,i,*,*}^{-(m,n)}\right)}\times\frac{\beta_{i_{m,n}}+c_{*,z_{m,n},i_{m,n},*,*}^{-(m,n)}}{\sum_{i=1}^{V}\beta_i+c_{*,z_{m,n},i,*,*}^{-(m,n)}}\times\\
&\prod_{k=1}^{K}\frac{\Gamma(\tau_{e_{m,n}}+c_{*,k,*,e_{m,n},*}^{-(m,n)})}{\Gamma\left(\sum_{e=1}^{E}\tau_e+c_{*,k,*,e,*}^{-(m,n)}\right)}\times\frac{\tau_{e_{m,n}}+c_{*,z_{m,n},*,e_{m,n},*}^{-(m,n)}}{\sum_{e=1}^{E}\tau_e+c_{*,z_{m,n},*,e,*}^{-(m,n)}}
\end{aligned}
\tag{B.6}
$$

去掉公式(B.6)与 $z_{m,n}$ 无关的常数项，即可得到公式(4.5)。

类似地，给出公式(4.6)的推导过程。

首先，重复公式(4.3)，

$$p(e_{m,n} \mid e_{-(m,n)}, \boldsymbol{i}, \boldsymbol{z}, \boldsymbol{f}, \boldsymbol{\alpha}, \boldsymbol{\beta}, \boldsymbol{\tau}, \boldsymbol{\varepsilon}) = \frac{p(\boldsymbol{e}, \boldsymbol{i}, \boldsymbol{z}, \boldsymbol{f} \mid \boldsymbol{\alpha}, \boldsymbol{\beta}, \boldsymbol{\tau}, \boldsymbol{\varepsilon})}{p(\boldsymbol{e}_{-(m,n)}, \boldsymbol{i}, \boldsymbol{z}, \boldsymbol{f} \mid \boldsymbol{\alpha}, \boldsymbol{\beta}, \boldsymbol{\tau}, \boldsymbol{\varepsilon})} \propto p(\boldsymbol{e}, \boldsymbol{i}, \boldsymbol{z}, \boldsymbol{f} \mid \boldsymbol{\alpha}, \boldsymbol{\beta}, \boldsymbol{\tau}, \boldsymbol{\varepsilon}) \tag{B.7}$$

同样，重复公式(4.4)：

$$\begin{aligned} & p(\boldsymbol{z}, \boldsymbol{e}, \boldsymbol{i}, \boldsymbol{f} \mid \boldsymbol{\alpha}, \boldsymbol{\beta}, \boldsymbol{\tau}, \boldsymbol{\varepsilon}) \\ &= \iiiint p(\boldsymbol{z}, \boldsymbol{i}, \boldsymbol{e}, \boldsymbol{f}, \boldsymbol{\theta}, \boldsymbol{\varphi}, \boldsymbol{\lambda}, \boldsymbol{\pi} \mid \boldsymbol{\alpha}, \boldsymbol{\beta}, \boldsymbol{\tau}, \boldsymbol{\varepsilon}) \mathrm{d}\boldsymbol{\theta} \mathrm{d}\boldsymbol{\varphi} \mathrm{d}\boldsymbol{\lambda} \mathrm{d}\boldsymbol{\pi} \\ &= \int p(z \mid \boldsymbol{\theta}) p(\boldsymbol{\theta} \mid \boldsymbol{\alpha}) \mathrm{d}\boldsymbol{\theta} \int p(i \mid \boldsymbol{\varphi}, z) p(\boldsymbol{\varphi} \mid \boldsymbol{\beta}) \mathrm{d}\boldsymbol{\varphi} \times \\ & \int p(e \mid \boldsymbol{\lambda}, z) p(\boldsymbol{\lambda} \mid \boldsymbol{\tau}) \mathrm{d}\boldsymbol{\lambda} \int p(f \mid \boldsymbol{\pi}, e) p(\boldsymbol{\pi} \mid \boldsymbol{\varepsilon}) \mathrm{d}\boldsymbol{\pi} \end{aligned} \tag{B.8}$$

整合公式(B.7)和公式(B.8)，并去掉不包含变量 $e_{m,n}$ 的项 $\int p(z \mid \boldsymbol{\theta}) p(\boldsymbol{\theta} \mid \boldsymbol{\alpha}) \mathrm{d}\boldsymbol{\theta} \int p(i \mid \boldsymbol{\varphi}, z) p(\boldsymbol{\varphi} \mid \boldsymbol{\beta}) \mathrm{d}\boldsymbol{\varphi}$ 得到

$$\begin{aligned} & p(e_{m,n} \mid e_{-(m,n)}, \boldsymbol{i}, \boldsymbol{z}, \boldsymbol{f}, \boldsymbol{\alpha}, \boldsymbol{\beta}, \boldsymbol{\tau}, \boldsymbol{\varepsilon}) \propto \int p(e \mid \boldsymbol{\lambda}, z) p(\boldsymbol{\lambda} \mid \boldsymbol{\tau}) \mathrm{d}\boldsymbol{\lambda} \times \\ & \int p(f \mid \boldsymbol{\pi}, e) p(\boldsymbol{\pi} \mid \boldsymbol{\varepsilon}) \mathrm{d}\boldsymbol{\pi} \\ &= \int \prod_{k=1}^{K} p(\lambda_k \mid \tau) \prod_{m=1}^{M} \prod_{n=1}^{N_m} p(e_{m,n} \mid \lambda_{z_{m,n}}) \mathrm{d}\boldsymbol{\lambda} \times \\ & \int \prod_{e=1}^{E} p(\pi_e \mid \varepsilon) \prod_{m=1}^{M} \prod_{n=1}^{N_m} p(f_{m,n} \mid \pi_{e_{m,n}}) \mathrm{d}\boldsymbol{\pi} \end{aligned}$$

〈用密度函数替换相应的概率项〉

$$\begin{aligned} &= \int \prod_{k=1}^{K} \frac{\Gamma\left(\sum_{e=1}^{E} \tau_e\right)}{\prod_{e=1}^{E} \Gamma(\tau_e)} \prod_{e=1}^{E} \lambda_{k,e}^{\tau_e - 1} \prod_{m=1}^{M} \prod_{n=1}^{N_m} \lambda_{z_{m,n}, e_{m,n}} \mathrm{d}\boldsymbol{\lambda} \times \\ & \int \prod_{e=1}^{E} \frac{\Gamma\left(\sum_{f=1}^{F} \varepsilon_f\right)}{\prod_{f=1}^{F} \Gamma(\varepsilon_f)} \prod_{f=1}^{F} \pi_{e,f}^{\varepsilon_f - 1} \prod_{m=1}^{M} \prod_{n=1}^{N_m} \pi_{e_{m,n}, f_{m,n}} \mathrm{d}\boldsymbol{\pi} \end{aligned}$$

〈分类整合连乘项，用和计数代替〉

$$=\prod_{k=1}^{K}\int\frac{\Gamma\left(\sum_{e=1}^{E}\tau_e\right)}{\prod_{e=1}^{E}\Gamma(\tau_e)}\prod_{e=1}^{E}\lambda_{k,e}^{\tau_e-1+c_{*,k,*,e,*}}\,\mathrm{d}\boldsymbol{\lambda}_k\times$$

$$\prod_{e=1}^{E}\int\frac{\Gamma\left(\sum_{f=1}^{F}\varepsilon_f\right)}{\prod_{f=1}^{F}\Gamma(\varepsilon_f)}\prod_{f=1}^{F}\pi_{e,f}^{\varepsilon_f-1+c_{*,*,*,e,f}}\,\mathrm{d}\boldsymbol{\pi}_e$$

$$=\prod_{k=1}^{K}\frac{\Gamma\left(\sum_{e=1}^{E}\tau_e\right)}{\prod_{e=1}^{E}\Gamma(\tau_e)}\frac{\prod_{e=1}^{E}\Gamma(\tau_e+c_{*,k,*,e,*})}{\Gamma\left(\sum_{e=1}^{E}\tau_e+c_{*,k,*,e,*}\right)}\int\frac{\Gamma\left(\sum_{e=1}^{E}\tau_e+c_{*,k,*,e,*}\right)}{\prod_{e=1}^{E}\Gamma(\tau_e+c_{*,k,*,e,*})}\times$$

$$\prod_{e=1}^{E}\lambda_{k,e}^{\tau_e-1+c_{*,k,*,e,*}}\,\mathrm{d}\boldsymbol{\lambda}_k\times$$

$$\prod_{e=1}^{E}\frac{\Gamma\left(\sum_{f=1}^{F}\varepsilon_f\right)}{\prod_{f=1}^{F}\Gamma(\varepsilon_f)}\frac{\prod_{f=1}^{F}\Gamma(\varepsilon_f+c_{*,*,*,e,f})}{\Gamma\left(\sum_{f=1}^{F}\varepsilon_f+c_{*,*,*,e,f}\right)}\int\frac{\Gamma\left(\sum_{f=1}^{F}\varepsilon_f+c_{*,*,*,e,f}\right)}{\prod_{f=1}^{F}\Gamma(\varepsilon_f+c_{*,*,*,e,f})}\times$$

$$\prod_{f=1}^{F}\pi_{e,f}^{\varepsilon_f-1+c_{*,*,*,e,f}}\,\mathrm{d}\boldsymbol{\pi}_e$$

〈所有积分项都等于 1〉

$$=\prod_{k=1}^{K}\frac{\Gamma\left(\sum_{e=1}^{E}\tau_e\right)}{\prod_{e=1}^{E}\Gamma(\tau_e)}\frac{\prod_{e=1}^{E}\Gamma(\tau_e+c_{*,k,*,e,*})}{\Gamma\left(\sum_{e=1}^{E}\tau_e+c_{*,k,*,e,*}\right)}\times$$

$$\prod_{e=1}^{E}\frac{\Gamma\left(\sum_{f=1}^{F}\varepsilon_f\right)}{\prod_{f=1}^{F}\Gamma(\varepsilon_f)}\frac{\prod_{f=1}^{F}\Gamma(\varepsilon_f+c_{*,*,*,e,f})}{\Gamma\left(\sum_{f=1}^{F}\varepsilon_f+c_{*,*,*,e,f}\right)}\tag{B.9}$$

去掉公式(B. 9)中不包含 $e_{m,n}$ 的常数项，得到

$$p(e_{m,n} \mid \boldsymbol{e}_{-(m,n)}, \boldsymbol{i}, \boldsymbol{z}, \boldsymbol{f}, \boldsymbol{\alpha}, \boldsymbol{\beta}, \boldsymbol{\tau}, \boldsymbol{\varepsilon}) \propto$$

$$\frac{\prod_{e=1}^{E}\Gamma(\tau_e + c_{*,z_{m,n},*,e,*})}{\Gamma\left(\sum_{e=1}^{E}\tau_e + c_{*,z_{m,n},*,e,*}\right)}\prod_{e=1}^{E}\frac{\Gamma(\varepsilon_{f_{m,n}} + c_{*,*,*,e,f_{m,n}})}{\Gamma\left(\sum_{f=1}^{F}\varepsilon_f + c_{*,*,*,e,f}\right)} \quad \text{(B. 10)}$$

运用 Gamma 函数性质 $\Gamma(x+1)=x\Gamma(x)$，公式(B. 10)右边项变成，

$$\frac{\prod_{e=1}^{E}\Gamma(\tau_e + c_{*,z_{m,n},*,e,*})}{\Gamma\left(\sum_{e=1}^{E}\tau_e + c_{*,z_{m,n},*,e,*}\right)}\prod_{e=1}^{E}\frac{\Gamma(\varepsilon_{f_{m,n}} + c_{*,*,*,e,f_{m,n}})}{\Gamma\left(\sum_{f=1}^{F}\varepsilon_f + c_{*,*,*,e,f}\right)}$$

$$= \frac{\prod_{e\neq e_{m,n}}\Gamma(\tau_e + c^{-(m,n)}_{*,z_{m,n},*,e,*})}{\Gamma\left(1+\sum_{e=1}^{E}\tau_e + c^{-(m,n)}_{*,z_{m,n},*,e,*}\right)}\Gamma(\tau_{e_{m,n}} + c^{-(m,n)}_{*,z_{m,n},*,e_{m,n},*})\times$$

$$(\tau_{e_{m,n}} + c^{-(m,n)}_{*,z_{m,n},*,e_{m,n},*})\times$$

$$\prod_{e\neq e_{m,n}}\frac{\Gamma(\varepsilon_{f_{m,n}} + c^{-(m,n)}_{*,*,*,e,f_{m,n}})}{\Gamma\left(\sum_{f=1}^{F}\varepsilon_{f_{m,n}} + c^{-(m,n)}_{*,*,*,e,f}\right)}\times\frac{\Gamma(\varepsilon_{f_{m,n}} + c^{-(m,n)}_{*,*,*,e_{m,n},f_{m,n}})}{\Gamma\left(\sum_{f=1}^{F}\varepsilon_{f_{m,n}} + c^{-(m,n)}_{*,*,*,e_{m,n},f}\right)}\times$$

$$\frac{\varepsilon_{f_{m,n}} + c^{-(m,n)}_{*,*,*,e_{m,n},f_{m,n}}}{\sum_{f=1}^{F}\varepsilon_{f_{m,n}} + c^{-(m,n)}_{*,*,*,e_{m,n},f}}$$

$$= \frac{\prod_{e=1}^{E}\Gamma(\tau_e + c^{-(m,n)}_{*,z_{m,n},*,e,*})}{\Gamma\left(1+\sum_{e=1}^{E}\tau_e + c^{-(m,n)}_{*,z_{m,n},*,e,*}\right)}(\tau_{e_{m,n}} + c^{-(m,n)}_{*,z_{m,n},*,e_{m,n},*})\times$$

$$\prod_{e=1}^{E}\frac{\Gamma(\varepsilon_{f_{m,n}} + c^{-(m,n)}_{*,*,*,e,f_{m,n}})}{\Gamma\left(\sum_{f=1}^{F}\varepsilon_{f_{m,n}} + c^{-(m,n)}_{*,*,*,e,f}\right)}\times\frac{\varepsilon_{f_{m,n}} + c^{-(m,n)}_{*,*,*,e_{m,n},f_{m,n}}}{\sum_{f=1}^{F}\varepsilon_{f_{m,n}} + c^{-(m,n)}_{*,*,*,e_{m,n},f}} \quad \text{(B. 11)}$$

去掉公式(B. 11)与 $e_{m,n}$ 无关的常数项，即可得到公式(4. 6)。

附录C ICTM模型参数学习推导细节

首先，根据ICTM图模型展开联合概率分布 $p(\boldsymbol{b},\boldsymbol{f},\boldsymbol{c},\boldsymbol{s},\boldsymbol{z},\boldsymbol{i}|\boldsymbol{\alpha},\boldsymbol{\beta},\boldsymbol{\rho},\boldsymbol{\tau},\boldsymbol{\gamma},\boldsymbol{\varepsilon})$，得到

$$
\begin{aligned}
& p(\boldsymbol{b},\boldsymbol{f},\boldsymbol{c},\boldsymbol{s},\boldsymbol{z},\boldsymbol{i} \mid \boldsymbol{\alpha},\boldsymbol{\beta},\boldsymbol{\rho},\boldsymbol{\tau},\boldsymbol{\gamma},\boldsymbol{\varepsilon}) \\
= & \iiiint\!\!\iint p(\boldsymbol{b},\boldsymbol{f},\boldsymbol{c},\boldsymbol{s},\boldsymbol{z},\boldsymbol{i},\boldsymbol{\sigma},\boldsymbol{\lambda},\boldsymbol{\theta},\boldsymbol{\varphi},\boldsymbol{\pi},\boldsymbol{\omega} \mid \boldsymbol{\alpha},\boldsymbol{\beta},\boldsymbol{\rho},\boldsymbol{\tau},\boldsymbol{\gamma},\boldsymbol{\varepsilon})\mathrm{d}\boldsymbol{\sigma}\mathrm{d}\boldsymbol{\theta}\mathrm{d}\boldsymbol{\varphi}\mathrm{d}\boldsymbol{\lambda}\mathrm{d}\boldsymbol{\pi}\mathrm{d}\boldsymbol{\omega} \\
= & \int p(\boldsymbol{\sigma} \mid \boldsymbol{\gamma})p(\boldsymbol{c} \mid \boldsymbol{\sigma})p(\boldsymbol{b} \mid \boldsymbol{\sigma})\mathrm{d}\boldsymbol{\sigma}\int p(\boldsymbol{\pi} \mid \boldsymbol{\varepsilon})p(\boldsymbol{f} \mid \boldsymbol{\pi},\boldsymbol{b})\mathrm{d}\boldsymbol{\pi}\int p(\boldsymbol{\lambda} \mid \boldsymbol{\tau})p(\boldsymbol{s} \mid \boldsymbol{\lambda})\mathrm{d}\boldsymbol{\lambda} \times \\
& \int p(\boldsymbol{\omega} \mid \boldsymbol{\rho})p(\boldsymbol{z} \mid \boldsymbol{c},\boldsymbol{\omega})^{s}\mathrm{d}\boldsymbol{\omega}\int p(\boldsymbol{\theta} \mid \boldsymbol{\alpha})p(\boldsymbol{z} \mid \boldsymbol{\theta})^{1-s}\mathrm{d}\boldsymbol{\theta}\int p(\boldsymbol{\varphi} \mid \boldsymbol{\beta})p(\boldsymbol{i} \mid \boldsymbol{z},\boldsymbol{\varphi})\mathrm{d}\boldsymbol{\varphi}
\end{aligned}
$$

接下来，根据联合概率分布展开式推导采样公式(5.1)～公式(5.4)。下面仅展示主要推导过程，详细步骤变换与IMAR模型类似，可参考附录B。

公式(5.1)推导过程：

$$
\begin{aligned}
& p(\boldsymbol{b}_{m,l} \mid \boldsymbol{b}_{-(m,l)},\boldsymbol{f},\boldsymbol{c},\boldsymbol{s},\boldsymbol{z},\boldsymbol{i},\cdots) \propto \\
& \quad \int p(\boldsymbol{\sigma} \mid \boldsymbol{\gamma})p(\boldsymbol{c} \mid \boldsymbol{\sigma})p(\boldsymbol{b} \mid \boldsymbol{\sigma})\mathrm{d}\boldsymbol{\sigma}\int p(\boldsymbol{\pi} \mid \boldsymbol{\varepsilon})p(\boldsymbol{f} \mid \boldsymbol{\pi},\boldsymbol{b})\mathrm{d}\boldsymbol{\pi} \propto \\
& \quad (\boldsymbol{\gamma}_{b_{m,l}} + \boldsymbol{p}_{m,b_{m,l},*,*,*} + \boldsymbol{q}_{m,b_{m,l},*}^{-(m,l)}) \frac{\boldsymbol{\varepsilon}_{f_{m,l}} + \boldsymbol{q}_{*,b_{m,l},f_{m,l}}^{-(m,l)}}{\sum\limits_{f=1}^{M}\boldsymbol{\varepsilon}_{f} + \boldsymbol{q}_{*,b_{m,l},f}^{-(m,l)}}
\end{aligned}
$$

公式(5.2)推导过程：

$$
\begin{aligned}
& p(\boldsymbol{c}_{m,n} \mid \boldsymbol{c}_{-(m,n)},\boldsymbol{b},\boldsymbol{f},\boldsymbol{s},\boldsymbol{z},\boldsymbol{i},\cdots) \propto \\
& \int p(\boldsymbol{\sigma} \mid \boldsymbol{\gamma})p(\boldsymbol{c} \mid \boldsymbol{\sigma})p(\boldsymbol{b} \mid \boldsymbol{\sigma})\mathrm{d}\boldsymbol{\sigma}\int p(\boldsymbol{\omega} \mid \boldsymbol{\rho})p(\boldsymbol{z} \mid \boldsymbol{c},\boldsymbol{\omega})^{s}\mathrm{d}\boldsymbol{\omega} \\
= & \prod_{j=1}^{M}\int \frac{\Gamma\left(\sum\limits_{c=1}^{C}\boldsymbol{\gamma}_{c}\right)}{\prod\limits_{c=1}^{C}\Gamma(\boldsymbol{\gamma}_{c})}\sigma_{j,c}^{\gamma_{c}-1+p_{j,c,*,*,*}+q_{j,c,*}}\mathrm{d}\boldsymbol{\sigma}_{c}\prod_{c=1}^{C}\int \frac{\Gamma\left(\sum\limits_{k=1}^{K}\rho_{k}\right)}{\prod\limits_{k=1}^{K}\Gamma(\rho_{k})}\boldsymbol{\omega}_{c,k}^{\rho_{k}-1+p_{*,c,1,k,*}}\mathrm{d}\boldsymbol{\omega}_{k}
\end{aligned}
$$

$$=\prod_{j=1}^{M}\frac{\Gamma\left(\sum_{c=1}^{C}\boldsymbol{\gamma}_c\right)}{\prod_{c=1}^{C}\Gamma(\boldsymbol{\gamma}_c)}\frac{\prod_{c=1}^{C}\Gamma(\boldsymbol{\gamma}_c+\boldsymbol{p}_{j,c,*,*,*}+\boldsymbol{q}_{j,c,*})}{\Gamma\left(\sum_{c=1}^{C}\boldsymbol{\gamma}_c+\boldsymbol{p}_{j,c,*,*,*}+\boldsymbol{q}_{j,c,*}\right)}\times$$

$$\prod_{c=1}^{C}\frac{\Gamma\left(\sum_{k=1}^{K}\boldsymbol{\rho}_k\right)}{\prod_{k=1}^{K}\Gamma(\boldsymbol{\rho}_k)}\frac{\prod_{k=1}^{K}\Gamma(\boldsymbol{\rho}_k+\boldsymbol{p}_{*,c,1,k,*})}{\Gamma\left(\sum_{k=1}^{K}\boldsymbol{\rho}_k+\boldsymbol{p}_{*,c,1,k,*}\right)}\propto$$

$$(\boldsymbol{\gamma}_{c_{m,n}}+\boldsymbol{p}_{m,c_{m,n},*,*,*}^{-(m,n)}+\boldsymbol{q}_{m,c_{m,n},*})\frac{\boldsymbol{\rho}_{z_{m,n}}+\boldsymbol{p}_{*,c_{m,n},1,z_{m,n},*}^{-(m,n)}}{\sum_{k=1}^{K}\boldsymbol{\rho}_k+\boldsymbol{p}_{*,c_{m,n},1,k,*}^{-(m,n)}}$$

公式(5.3)推导过程:

$$p(\boldsymbol{z}_{m,n},\boldsymbol{s}_{m,n}=1\mid \boldsymbol{z}_{-(m,n)},\boldsymbol{s}_{-(m,n)},\boldsymbol{b},\boldsymbol{f},\boldsymbol{c},\boldsymbol{i},\cdots)\propto$$

$$\int p(\boldsymbol{\lambda}\mid\boldsymbol{\tau})p(s\mid\boldsymbol{\lambda})\mathrm{d}\boldsymbol{\lambda}\int p(\boldsymbol{\omega}\mid\boldsymbol{\rho})p(z\mid\boldsymbol{c},\boldsymbol{\omega})^{s}\mathrm{d}\boldsymbol{\omega}\int p(\boldsymbol{\varphi}\mid\boldsymbol{\beta})p(\boldsymbol{i}\mid z,\boldsymbol{\varphi})\mathrm{d}\boldsymbol{\varphi}$$

$$=\prod_{j=1}^{M}\frac{\Gamma\left(\sum_{s}\tau_s\right)}{\prod_{s}\Gamma(\tau_s)}\frac{\prod_{s}\Gamma(\tau_s+p_{j,*,s,*,*})}{\Gamma\left(\sum_{s}\tau_s+p_{j,*,s,*,*}\right)}\prod_{c=1}^{C}\frac{\Gamma\left(\sum_{k=1}^{K}\rho_k\right)}{\prod_{k=1}^{K}\Gamma(\rho_k)}\frac{\prod_{k=1}^{K}\Gamma(\rho_k+p_{*,c,1,k,*})}{\Gamma\left(\sum_{k=1}^{K}\rho_k+p_{*,c,1,k,*}\right)}\times$$

$$\prod_{k=1}^{K}\frac{\Gamma\left(\sum_{i=1}^{V}\beta_i\right)}{\prod_{i=1}^{V}\Gamma(\beta_i)}\frac{\prod_{i=1}^{V}\Gamma(\beta_i+p_{*,*,*,k,i})}{\Gamma\left(\sum_{i=1}^{V}\rho_k+p_{*,*,*,k,i}\right)}\propto$$

$$(\boldsymbol{\tau}_1+\boldsymbol{p}_{m,*,1,*,*}^{-(m,n)})\frac{\boldsymbol{\rho}_{z_{m,n}}+\boldsymbol{p}_{*,c_{m,n},1,z_{m,n},*}^{-(m,n)}}{\sum_{k=1}^{K}\boldsymbol{\rho}_k+\boldsymbol{p}_{*,c_{m,n},1,k,*}^{-(m,n)}}\frac{\boldsymbol{\beta}_{i_{m,n}}+\boldsymbol{p}_{*,*,*,z_{m,n},i_{m,n}}^{-(m,n)}}{\sum_{i=1}^{V}\boldsymbol{\beta}_i+\boldsymbol{p}_{*,*,*,z_{m,n},i}^{-(m,n)}}$$

公式(5.4)推导过程:

$$p(\boldsymbol{z}_{m,n},\boldsymbol{s}_{m,n}=0\mid \boldsymbol{z}_{-(m,n)},\boldsymbol{s}_{-(m,n)},\boldsymbol{b},\boldsymbol{f},\boldsymbol{c},\boldsymbol{i},\cdots)\propto$$

$$\int p(\boldsymbol{\lambda}\mid\boldsymbol{\tau})p(s\mid\boldsymbol{\lambda})\mathrm{d}\boldsymbol{\lambda}\int p(\boldsymbol{\theta}\mid\boldsymbol{\alpha})p(z\mid\boldsymbol{\theta})^{1-s}\mathrm{d}\boldsymbol{\theta}\int p(\boldsymbol{\varphi}\mid\boldsymbol{\beta})p(\boldsymbol{i}\mid z,\boldsymbol{\varphi})\mathrm{d}\boldsymbol{\varphi}\propto$$

$$(\boldsymbol{\tau}_0+\boldsymbol{p}_{m,*,0,*,*}^{-(m,n)})\frac{(\boldsymbol{\alpha}_{z_{m,n}}+\boldsymbol{p}_{m,*,0,z_{m,n},*}^{-(m,n)})}{\sum_{k=1}^{K}\boldsymbol{\alpha}_k+\boldsymbol{p}_{m,*,0,k,*}^{-(m,n)}}\frac{\boldsymbol{\beta}_{i_{m,n}}+\boldsymbol{p}_{*,*,*,z_{m,n},i_{m,n}}^{-(m,n)}}{\sum_{i=1}^{V}\boldsymbol{\beta}_i+\boldsymbol{p}_{*,*,*,z_{m,n},i}^{-(m,n)}}$$

致　　谢

谨以此文献给我博士求学生涯中给予我支持和帮助的老师、亲人和朋友！

首先，衷心感谢我的导师刘红岩教授。刘老师是我科研路上的启蒙导师和引路人，是她将我领进了科研的神圣殿堂，带我感受做学问的无穷乐趣。刘老师科研上的专注、聪敏和高效常常让我心生敬佩，也对我学术风格和科研品格的养成产生了潜移默化的影响，让我学会了如何在科研路上直面纷扰，守住初心，潜心科研，砥砺前行。

同时，特别感谢美国特拉华大学方晓教授，他是我在美国特拉华大学博士联合培养期间的指导老师。方老师的治学严谨、思维辩证和一丝不苟让我深受影响。与方老师为期一年的合作研究，既提高了我的科研思维和写作能力，也更加坚定了我“学术人生”的追求和梦想。

感谢我本科和博士阶段遇到的所有恩师，特别是美国华盛顿大学西雅图分校的谭勇教授、清华大学经济管理学院的陈国青教授、美国特拉华大学勒纳商学院的陈滨桐教授、上海财经大学信息管理与工程学院的岳劲峰教授和中国人民大学信息学院的左美云教授。他们都是管理科学与工程领域的“大师级”学者，虽研究方向各异，却一样博学睿智、亲和有趣。特别感谢五位老师在我学术路上给予的提携、支持和帮助！

感谢清华大学自动化系的古槿老师在授课期间和科研建模中给我的耐心指导；古老师讲授的《概率图模型》一课深入浅出，奠定了我博士研究的方法基础。感谢清华大学经济管理学院的陈剑老师、刘登攀老师、卫强老师和王纯老师，以及北京航空航天大学的吴俊杰老师对我博士论文研究和答辩工作给予的宝贵意见和全力支持。

其次，感谢给予我关心和帮助的同学和朋友。感谢导师组的师兄弟们：陈卓华、陈佳威、柴一栋、刘申、何洛等，喜欢和你们探讨学术、闲聊生活；感谢在美国特拉华期间朝夕相处的室友和结识的小伙伴们，让我在异国他乡感受到家的温暖；感谢本科 712 宿舍的各位姐妹和博士期间的好朋友们，谢谢你们陪我度过每一个低谷，分享我每一次成功的喜悦。

最后，感谢所有关心、支持和牵挂我的人们。尤其感谢我亲爱的爸爸妈妈，你们一直是我坚强的后盾，总是予以我最大的支持和信任。感恩有一个知我懂我的妈妈和一个风趣幽默的“学霸级”爸爸。只希望时光啊慢点走，可以多点时间带你们去看世界。